水中异型机器人研究

张忠林　著

哈尔滨工程大学出版社
Harbin Engineering University Press

内容简介

本书系统介绍了水中异型机器人的研究技术,在内容安排上,既包含了相关支撑基础技术的介绍,又体现了国内外相关设计方法体系的新发展、新成果。全书共分6章,主要内容包括水中异型机器人概论、水中异型机器人技术基础、船舶送缆机器人、微型水下观光机器人、仿潜水员机器人、海底作业型机器人。

本书选例具体、科学合理,可以作为机器人工程专业高校教师、科研和工程技术人员的参考用书。

图书在版编目(CIP)数据

水中异型机器人研究/张忠林著. —哈尔滨:哈尔滨工程大学出版社,2021.3
ISBN 978 - 7 - 5661 - 3014 - 3

Ⅰ.①水…　Ⅱ.①张…　Ⅲ.①异型 – 水下作业机器人 – 研究　Ⅳ.①TP242.2

中国版本图书馆 CIP 数据核字(2021)第 044301 号

选题策划	刘凯元
责任编辑	张 彦 李 暖
封面设计	李海波

出版发行	哈尔滨工程大学出版社
社　　址	哈尔滨市南岗区南通大街 145 号
邮政编码	150001
发行电话	0451 – 82519328
传　　真	0451 – 82519699
经　　销	新华书店
印　　刷	北京中石油彩色印刷有限责任公司
开　　本	787 mm × 1 092 mm　1/16
印　　张	13
字　　数	317 千字
版　　次	2021 年 3 月第 1 版
印　　次	2021 年 3 月第 1 次印刷
定　　价	58.00 元

http://www.hrbeupress.com
E-mail:heupress@ hrbeu.edu.cn

前　　言

21世纪是人类全面进入海洋开发和探索海洋奥秘的新时代,随着海洋资源开发和研究的不断深入,以及国家海洋强国战略的需要,针对深海作业需求的水中机器人势必会发挥重要的作用。人类科技在深海中面临着更大的困难、危险与挑战,受海况条件及不可预见的海洋环境影响,海上交通运输装备比如船舶、海洋石油设备等在使用中的各种不确定性因素使装置的可靠性显得极为重要,一旦出现事故,便会威胁国家利益、人民生命和财产安全。因此,针对探索海洋中遇到的各种世界性难题,采用机器人技术参与诸如海洋资源探测、开采、船舶救助和打捞等作业,并将人－机协调、多体共融理论等应用到机器人技术中,是开发水中异型机器人领域一个新的研究方向。尽管水中机器人设计复杂,但是截至目前,仍然相继出现了水中船舶救护机器人、水下仿生机器人、海底作业型机器人等水中异型机器人,这些水中异型机器人的特点鲜明、功能独特、配置先进,在水中特种作业领域发挥着越来越重要的作用。

本书是结合著者多年来在该领域的研究撰写而成的,系统介绍了水中异型机器人的特性和装备技术,旨在使读者熟悉相关领域的技术前沿,开阔思维,拓宽知识面,培养创新意识和工程实践能力。全书共分6章,主要包括水中异型机器人概论、水中异型机器人技术基础、船舶送缆机器人、微型水下观光机器人、仿潜水员机器人、海底作业型机器人。具体如下:

第1章概括介绍水中机器人发展历程,水中异型机器人的范畴,细致地阐述水中异型机器人的定义、内涵与特征,以及水中异型机器人技术的发展趋势。

第2章介绍研究水中异型机器人应具备的基本技术知识,主要包括结构设计方法,水动力学模型建立和求解方法,传感器、通信与控制系统等基础技术知识。

第3章介绍船舶送缆机器人的应用、功能和设计,可实现船舶送缆机器人的海面游动、船体表面攀爬、固定缆绳等功能,为船舶安全运行提供参考保障。

第4章介绍微型水下观光机器人的详细设计,包括结构应力、模态、谐响应、疲劳、可靠性分析,根据其水动力特性开展相关运动控制策略的研究及实现,开发水下观光机器人的综合显控系统。

第5章介绍仿潜水员机器人的详细设计,包括仿潜水员机器人的结构设计、稳定性分析,按照游动机理和运动性能开展了控制系统的研究,开发了水下仿潜水员的物理模型样机。

第6章介绍海底作业型机器人的应用设计。海底作业型机器人具备游动和行走双功能，可实现海底大面积的取样、海底打捞沉船、海底布设标志等，具有重大的研究价值。

本书选例具体、科学合理，本着贯彻"质量工程"精神，落实高校"创新推动、打造品牌"人才培养战略，整体内容是为适应新世纪的创新型、应用型人才需求而撰写的，与高校研究型大学培养目标相吻合。

由于时间仓促，加之本人水平有限，书中难免有不足和疏漏之处，恳请广大读者提出宝贵意见，以利完善。

著 者

2020 年 10 月于哈尔滨

目　　录

第1章　水中异型机器人概论

本章简要叙述了水中机器人的发展历程,水中机器人的种类和应用,从而引出水中异型机器人的范畴,较为细致地阐述水中异型机器人的定义、内涵与特征、主体构成和功能配置,给出了水中异型机器人技术的发展趋势。

1.1　水中机器人的发展历程

人类生存的地球表面2/3是水,这里的水指的是海洋、江河、湖泊等水面。应用于海洋、江河、湖泊中的机器人,顾名思义都可以称之为水中机器人。现代机器人技术的发展是一个国家高科技水平和工业自动化程度的重要标志和体现。随着我国智慧海洋工程建设、"十三五"期间海洋资源开发和基础工程建设蓬勃发展,相继出现和开发了多种水中机器人产品。

无论是水面机器人还是水下机器人,纵观水中机器人的发展历程,通常可以概括为三代。第一代包括水面无人船、拖曳潜水器等,这些水中机器人都是手动控制的。第二代水中机器人具有自适应能力,控制系统采用分层递阶设计,控制器具有计算和初级记忆功能,并能够学会基本的技能,但仍是靠人指挥操作。随着人工智能技术的出现和发展,具有人工智能系统的水下机器人成为第三代水中机器人。它具有分析和判断能力,可根据外部环境的变化而更换作业操作,并具有丰富的记忆能力和强大的计算能力。目前各个国家都在研究和开发第三代水中机器人产品,因为从近几十年水中机器人发展进程中的经验看,善于抓住发展机遇的国家才能够成为海洋科技强国。

人类的海洋探索、科学考察,以及国家海洋战略需要,促进了水中机器人的出现和发展。

首先在水下机器人方面,1927年苏联科列诺夫教授乘坐钟形潜水装置,进行水下45 m深度的观测和采样作业。1957年美国人采用深水潜水球完成了对海洋地质的考察。到了20世纪70年代,潜水装置发展成为遥控潜水器,美国开始使用CURV(科沃号)、RUM(腊姆号)水下潜水器,完成对海洋的科学考察。1972年苏联采用蟹号潜水器完成对海洋的地质考察。到了20世纪80年代,"无人的+有缆的"潜水器研制发展迅速,主要服务于海洋石油开采。海洋石油开发及海洋救捞等方面的发展需要推动了包括载人潜水器、无人遥控潜水器、有缆遥控潜水器、水底作业潜水器、救捞潜水器等设备的研制和开发。中国是在20世纪80年代后,开始进行水下机器人研发的,相继研制出海人一号水下机器人、逆戟鲸号无人无缆潜水器等水下机器人。1990年,美国和加拿大通过合作,研制出穿过北极冰层的无人无缆潜水器。中国2009年首次在北冰洋海域冰下调查,使用海龙2号水下机器人,利用机械手准确抓取硫化物样品。2012年10月,中国首款"功能模块"理念智能水下机器人在哈尔滨工程大学问世。2015年3月19日,国内首次利用水下机器人将五星红旗植入3 000 m南海海底。

其次在水面机器人方面,水面无人艇具有代表性。1944年二战时期,美国海军利用水面无人艇进行扫雷作业和收集原子弹爆炸样品等。之后,苏联开发了自杀攻击型水面无人艇,用来炸毁和攻击敌方水面舰船等。到了20世纪80年代,主要应用水面无人艇作为靶标,进行海上训练和演习。20世纪末至今,无人艇主要应用于反水雷、情报侦察、反潜等重要军事领域。

另外在水中仿生机器人方面,诸如仿生鱼、仿生虾、仿生蟹、仿生乌龟、仿生水母、仿生带鱼等水中机器人都相继被研发出来,大大拓展了水中机器人的种类和应用。

1.2　水中机器人的种类和配置

从前面的叙述中可以看出,水中机器人总体可以分成水下机器人、水面机器人和仿生机器人等多种类型。

水下机器人按照功能可分为两类:观察型和作业型。按照动力来源又可分为有缆机器人和无缆机器人。常用的有:有缆遥控式水下机器人ROV(remotely operated vehicle)、无缆式智能水下机器人 AUV(autonomous underwater vehicle)或 UUV(unmanned underwater vehicles),目前,又出现了AUVMS(AUV + manipulator system)机器人。

国内外具有代表性的ROV产品(图1－1)有美国伍兹霍尔研究的Jason号、日本的海沟号、加拿大的ROPOS号、法国的H300－Ⅱ型机器人和英国的Seaeye号等,以及上海交通大学的海龙号、浙江大学的海马号、沈阳自动化研究所的海星号、中船重工七一〇研究所的猎手号等。

智能水下机器人技术在20世纪80年代得到了迅速发展,国内外代表性的AUV如图1－2所示。在该领域美国的技术最为先进,美国REMUS系列AUV用于军事和海洋开发中,其中REMUS－6000高度模块化系统,代表了AUV的最高水平。美国Bluefin系列AUV用于水雷的探测、海底地形地貌的勘探、环境情报搜集等,2014年4月Bluefin－21(蓝鳍金枪鱼－21)被用于马航MH370搜救任务。英国AUV有Autosub6000,用于海洋科考,在北极和南极冰层下进行作业。俄罗斯AUV有MT88,用于目标探测与识别、海底地形扫描与测绘等。挪威Hugin系列AUV用于管道检测、环境监控及目标探测等。德国AUV有DeepC,它被设计成了滑翔器外观,配备智能监控系统和高精度长航时水下导航系统,具有自主避障能力,主要用于情报收集和武器投放等军事任务。

(a)Jason   (b)海沟   (c)ROPOS

(d)H300-II   (e)Seaeye   (f)海龙

(g)海马   (h)海星   (i)猎手

图 1-1 国内外代表性的 ROV

中科院沈阳自动化研究所联合俄罗斯开发的 AUV 有 CR01 和 CR02,又联合中科院声学所和哈尔滨工程大学研制潜深达 6 000 m 的潜龙一号,潜龙一号具有自主避障、连续运动控制及遥控航行功能,用于海底测试等任务。同时,国内各高校也开展了 AUV 的研究,用于海底资源探测、海底地形扫描与测绘、海底油气管道探测、温盐深水文数据采集等工作,如哈尔滨工程大学、上海交通大学、中国海洋大学、西北工业大学、浙江大学等。

近年来提出采用 AUV + 机械手系统(AUVMS)配置来完成水下作业,该系统无须复杂作业母船,没有脐带缆风险,大大降低了水下作业成本。英国赫瑞瓦特大学 AUVMS,用两个液压手爪抓住作业目标,然后用 7 功能机械手自主完成水下阀门开关作业。夏威夷大学 AUVMS 搭载惯性导航系统、DGPS、声呐、相机和末端多维力或力矩传感器,可实现水下挂钩等位置跟踪与环境接触作业。Mario Prats 等在欧盟和西班牙等国家项目支持下,对 AUVMS 自主作业开展研究,实现了水池的跟踪和抓取操作。我国的沈阳自动化研究所、浙江大学、哈尔滨工程大学等也开展了 AUVMS 研究,并开发了实物样机。

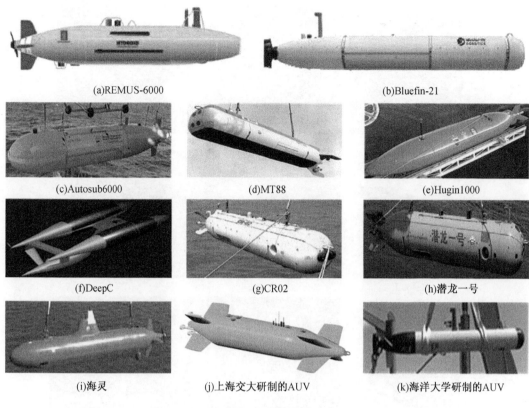

(a)REMUS-6000　　(b)Bluefin-21

(c)Autosub6000　　(d)MT88　　(e)Hugin1000

(f)DeepC　　(g)CR02　　(h)潜龙一号

(i)海灵　　(j)上海交大研制的AUV　　(k)海洋大学研制的AUV

图 1-2　国内外有代表性的 AUV

水下滑翔机(underwater glider,UG)是一种新式水中机器人,其特性是滑翔时使用浮力驱动方式,其水下航迹的控制和自身定位精度较低,航速比较低。国外关于水下滑翔机在 20 世纪 90 年代初就展开了研究,美国成果较为突出,已经研制出 4 款水下滑翔机,分别是:美国斯克里普斯海洋研究所研制的 Spray Glider(图 1-3(a))、华盛顿大学研制的 Sea Glider、Webb Research Corp 研制的 Slocum Electric Glider 和 Slocum Thermal Glider。我国水下滑翔机研究起步较晚,有中国科学院沈阳自动化研究所、天津大学、华中科技大学、上海交通大学、浙江大学和中国海洋大学等单位开展研究。沈阳自动化研究所研发的海翼号如图 1-3(b)所示。

(a)Spray Glider　　(b)沈自所海翼号

图 1-3　国内外有代表性的水下滑翔机

海上机器人搭载体都是船体,实现无人化的智能海上作业离不开无人艇(图 1-4)。美国 Liquid Robotics 公司打造的无人驾驶船波浪滑翔机由漂浮平台组成,其表面覆盖为波浪滑翔机提供动力的太阳能电池、波浪的动力驱动水下鳍状物和 GPS 装置。此无人船航行约 59 500 km,不断发送含盐量、水温、波浪、天气状况、溶解氧等海洋数据,该船的长途旅行开创了无人艇在民用领域的新纪元。SPARTAN 无人艇是美国海军新世纪计划发展的一种新武器系统,是既可遥控也可自动运行的高速艇,可在海域内工作 8 h,速度比有人驾驶的船要高得多,可在夜间行动。美国的 CAT – surveyo 先进无人水面艇可用于在河道、近海域全天候监测侦察,并搭载先进的自主导航系统,可在无人干预的情况下在指定区域完成预定任务。海上猎手号无人水面艇,主要用于侦查潜艇,最多可持续巡航 70 d,航程 10 000 n mile,最高时速 50 km,可在 7 级恶劣海况下航行。在国内,中国航天科工沈阳新光集团 2008 年研制出了天象 1 号无人水面艇,是国内第一艘工程应用的无人水面艇,奥运会期间为青岛帆船比赛提供气象保障服务,电子系统包括海上无人探测平台及地面控制系统,电子信息系统集成了早期的智能驾驶、雷达搜索、卫星应用、图像处理与传输等设备。哈尔滨工程大学在 2014 年研制了天行 1 号高速无人艇,采用复合推进方式,可在 4 级海况下航行,具备自主航行、危险感知与规避功能,以及全自主海洋环境监测、侦察、地形探测等多任务能力。

2016 年 4 月,美国斯坦福大学的 Oussama Khatib 研究团队,在法国南部进行科学考察,探测位于水下 100 多米的沉船,由于大部分潜水员难以到达这一深度,故采用类人型潜艇机器人 Ocean One 来完成。Ocean One 是类人机器人手与水下遥控潜水器的结合,采用 8 个螺旋桨推进方式,通过远程操作执行水下任务。Ocean One 提供了在狭窄空间内进行作业的水下机器人设计案例。

(a)波浪滑翔机　　　　　　(b)SPARTAN　　　　　　(c)CAT-surveyo

(d)海上猎手　　　　　　(e)天象1号　　　　　　(f)天行1号

图 1 – 4　国内外代表性的水面无人艇

近年来,在仿生机器虾、仿生带鱼机器人、仿生机器鱼、仿生机器蟹、仿生机器乌龟、仿生机器水母、仿生青蛙机器人等方面也取得了相关成果,比如美国东北工业大学研制的仿生机器虾可执行清除水雷等作业;美国纽约工程公司 Pliant Energy Systems 研制的 Velox 机器人,在水中游动时仿佛一条大带鱼;还有北京航空航天大学研制的机器鱼,哈尔滨工程大学研制的仿生机器蟹、仿生机器乌龟,德国 Festo 公司研制的仿生水母机器人、哈尔滨工业大学研制的仿生青蛙机器人等(图 1-5)。水中机器人种类繁多,按照其工作要求不同,其功能配置也会有所不同。这里以常规的 ROV、AUV 和 ASV(autonomous surface vehicle)为例,列出了它们的主要参考配置(表 1-1),可为水中机器人的设计提供参照。

(a)Ocean One (b)龙虾原型与仿生机器虾

(c)带鱼原型与Velox (d)水母原型与仿生水母

(e)鱼原型与仿生机器鱼 (f)蟹原型与仿生机器蟹

(g)龟原型与仿生机器龟 (h)青蛙原型与仿生青蛙机器人

图 1-5　国内外代表性的水中仿生机器人

表 1-1　典型水中机器人配置表

配置/机器人	ROV	AUV	ASV
控制系统	水面监控主控制系统	水面监控系统 + 自主控制系统	陆上监控系统 + 自主控制系统
释放回收装置	绞缆车	自主式特定收放系统	自主式特定收放系统
电源	外部供电	内部供电	内部供电
导航系统	外部	惯性导航系统	惯性导航系统

表 1-1　（续）

配置/机器人	ROV	AUV	ASV
数据采集系统 （成像系统）	摄像机＋水下灯＋其他内部云台	摄像机＋水下灯＋其他三维声呐成像	摄像机＋水面灯＋其他视觉系统
定位跟踪系统	声呐定位	声呐定位＋GPS（或北斗系统）	GPS或北斗系统
机械臂	携带常规的左右机械臂:5功能＋7功能	无（AUVMS有）	其他
主体支撑结构	框架式＋电子舱	整体壳体（或耐压舱）＋电子舱体＋电源舱体	船体＋电子舱
常规推进器	水密电机（或液压发动机）＋槽道螺旋桨式	水密电机＋槽道螺旋桨式	水密电机＋槽道螺旋桨式
传感器	深度计＋高度计＋其他	深度计＋高度计＋DVL＋其他	声呐、雷达、光学和红外传感器＋探测化学、生物、核、放射性和爆炸物传感器＋其他。
其他	复合水密电缆＋水密接头＋电子元件＋浮力材料＋连接标准件等	水密接头＋水密电缆＋插装件＋电子元件＋浮力材料＋连接标准件等	船体、机械、电气控制、通信和计算机体系模块结构件

1.3　水中异型机器人的内涵和特征

1.3.1　水中异型机器人的定义

我们定义的机器人（robot）是一种能够半自主或全自主工作的智能机器,可辅助甚至替代人类完成危险、繁重、复杂工作,机器人具有感知、决策、执行等基本特征。机器人的出现和开发,扩大或延伸了人类的活动及能力范围。因此水中机器人可以定义为在水中作业的智能机器,辅助或替代人类来完成复杂作业,拓展人类面向海洋、江河、湖泊等水中的活动和感知范围,并且具有机器人的基本特征。可见,常规的水下机器人如 ROV、AUV 和 UUV 以及水面的机器人 ASV 都具有水中机器人的特征,由于这四种机器人中 ASV 发展较为成熟,可以把它们规划到常规水中机器人范畴。

为了区别常规的机器人,或是拓展水中机器人的种类,开发新式的水中机器人,仿生水中机器人获得了长足的进展,显然仿生机器人也属于水中机器人范畴。为了区别于常规的水中机器人,我们定义除了 ROV、AUV、UUV、ASV 和水下滑翔机(UG)以外的水中机器人为水中异型机器人,显然水中仿生机器人属于水中异型机器人。也可以这样解释,异型就是不同型号。

随着科技的进步,也会出现非仿生的水中异型机器人,这样,开发和研制水中异型机器人就可以增加水中机器人的家族成员,为海洋开发和海洋强国战略进一步提供支持。因此,水中异型机器人(special-shaped underwater robot 或 special-shaped water – surface robot)是指工作在水中,具有机器人的系统配置,包括机械、电气控制、通信和计算机体系等模块结构,有机地融合计算机、信息、新材料、能源、系统管理等科学技术于一体,将其综合应用于机器人自身产品设计、加工、检验、管理、使用、服务乃至回收的研制开发过程,以实现水中作业功能为需要,并有别于常规水面机器人和水下机器人的特种水中机器人的总称。比如船舶送缆机器人、仿生潜水员机器人、特种海底探测机器人等,都属于水中异型机器人。具体内容将在后续的章节中进行详细介绍。

1.3.2　水中异型机器人的特征

作为水中机器人家族成员,水中异型机器人具有水中机器人的普遍性和自身的特殊性,具体如下:

1. 具有水中机器人的基本特征

水中异型机器人具有感知、决策、执行等机器人的基本特征,水中异型机器人借助传感器和内部控制器,能够根据目标识别功能,感知水中的环境信息,用于分析水中环境,完成自动规划,决策行动,规避水中作业障碍,自主地完成和执行水中作业任务。

2. 具有完备的科学体系

以水中机器人的科学体系为基础,水中异型机器人工程科学理论基础有船舶制造技术、机械制造及自动化技术、信息技术、微电子技术、计算机技术、系统工程、材料科学、生命科学、生物科学、仿生技术、机器人技术、管理科学等基础知识技术,这是理论计算和设计开发水中异型机器人必须具备的。

3. 具有完善的组成结构

水中异型机器人是用于水下作业的特种机器人装备,是由机械结构、信息系统、控制系统组成,具体可包括主体机身、水下动力驱动系统、动力源、水下传感系统、作业末端机具、交互系统、中心控制系统等。

4. 具有明确的水中功能应用

水中异型机器人在船舶检测与维修、船舶送缆与施救、海洋科学考察、海底探测与采样、海底管道维修与保养、海洋石油开采、水下科学考古打捞、各种水电站和水库检修,以及国防战略需要等方面有重要的作用,因此水中异型机器人具有明确的应用目标,在其功能上也可以非常清楚地分成观察型、作业型两大功能应用。

1.4　水中异型机器人技术的发展趋势

水中异型机器人技术的优势明显,特点突出,表现如下:

1. 水中异型机器人的智能化发展

信息科学、纳米科学、材料科学、生命科学、管理科学和制造科学将是改变21世纪的主流科学,由此奠定了人工智能的理论技术基础,它所产生的高新技术及其产业将改变世界的面貌。将人工智能技术应用于水中异型机器人,开发和研制具有第三代特点的水中异型机器人,其智能技术会越来越先进,会随着时代的进步、科技的发展而不断地充实与完善,从而引领水中异型机器人的未来。

2. 水中异型机器人应用向全海深领域拓展

万米级的全海深领域对于载人和无人水中机器人已经不是神话,由于水中耐压材料的制造,人们已经成功实现了万米级水下探索和水下实践。蛟龙号最大下潜深度 7 062 m。2016 年 11 月 24 日,七〇二研究所承担的全海深载人潜水器总体设计、集成与海试项目启动。"全海深"是世界海洋洋底深度标尺,随着多项材料包括浮力材料等突破万米耐压实验,2020 年 10 月 27 日,中国载人潜水器奋斗者号,在马里亚纳海沟成功下潜突破万米,达到 10 058 m,创造中国载人深潜新纪录。

3. 水中异型机器人的种类多样性发展

随着水中异型机器人的广泛应用,会有越来越多种类的水中异型机器人出现在我们的面前,目前尤以仿生水中机器人最为突出,其在水中的动作更像水中生物的原型,仿真程度高度相似,且活灵活现。科技在发展,如果将人造肌肉材料等新型柔性驱动技术应用于水下仿生机器人,就会研制出更多的水中异型仿生机器人,从而为人类造福。

4. 水中异型机器人的空间拓展性

仿生机器蟹就是两栖水中机器人,从水中向沙滩过渡,如果将水中游动的机器人配置添加陆上行走驱动或空中可飞行驱动功能,水中异型机器人就可以实现两栖作业,海上飞机就是海空两栖的例子。若进一步拓展,还可以实现沙滩、海、空三栖化发展。水中异型机器人的进一步空间拓展性可增加机器人的应用空间,具有重要的国防战略价值。

5. 模块化功能扩展性

水中异型机器人的结构设计可以采用现代设计方法中模块化的设计思想,不但可以实现机器人的便携化,也便于机器人的组装和功能扩展。这也为未来水中异型机器人的通用性和规范化提供了方向。针对水中异型机器人的特殊任务需求,配置特定的专用传感器或专用装置,以实现特殊任务。模块化功能扩展性对实现水中异型机器人的专业化分工、专业化合作等实用技术起到重大作用。

总之,水中异型机器人是对常规水中机器人技术的不断推陈出新。随着科技和社会的进步,为了满足海洋开发对水下装备技术的高(高附加值)、精(精密化)、尖(尖端产品)需求,水中异型机器人将不断发展与完善,更加趋近于完备,为人类探索海洋奥秘和水下作业发挥重要作用。

第2章 水中异型机器人技术基础

开发和研制水中异型机器人需要具备相关的基本技术知识,主要包括机械结构的设计方法、水动力学模型建立和求解方法,常用的导航与定位技术、水中异型机器人的控制系统等。

2.1 机械结构的设计方法

2.1.1 机械结构设计目的和要求

水中异型机器人机械结构设计的目的就是规划和设计实现水下作业预期功能的新型机械或改进现有机械的性能,表现在理论与实际应用相结合,综合利用所学的知识,培养解决生产实际问题的能力和掌握机械的设计方法。通过综合设计,进一步消化设计中的知识点,结合具体水中异型机器人案例设计,熟练掌握机械工程结构设计的方法。采用零部件三维设计软件和计算机绘图相结合的方式,提高运用现代设计技术的能力,拓展机械结构建模的知识范围,培养总体构思能力,培育创新意识与应用意识。

水中异型机器人机械结构设计的基本要求应该是在满足水下作业预期功能的前提下,满足性能好、效率高、成本低,在预定使用期限内满足安全可靠、操作方便、维修简单和造型美观等要求。

2.1.2 机械结构设计内容和步骤

水中异型机器人机械结构设计的内容如下:

1. 设计前的准备

制订设计任务书,涵盖水中异型机器人的预期功能、设计指标、基本使用要求,制造要求方面的经济估算,以及完成设计任务的预计期限等。

2. 拟订设计方案

确定水中异型机器人的工作原理,选择适合的机构,拟订设计方案;进行运动分析和动力分析,计算各构件上的载荷;进行零部件工作能力计算等。

3. 总体设计

完成水中异型机器人的总体设计和结构设计,绘制水中异型机器人的总体装配图和零件图;编制水中异型机器人设计技术文件。

4. 加工制造

联系厂家加工、采购标准件、生产样机、安装、现场实验、根据实验修改设计、编写水中异型机器人使用说明书。

5. 鉴定到产品定型

验收、鉴定,产品定型,加工单位出具出厂质量证明文件,结束水中异型机器人设计过程。

6. 产品维护保养说明

编制水中异型机器人使用维护说明书,确定水中异型机器人质保期限和质保期内双方职责、加工服务的方式等。

水中异型机器人机械结构设计的一般步骤可参照图2-1。

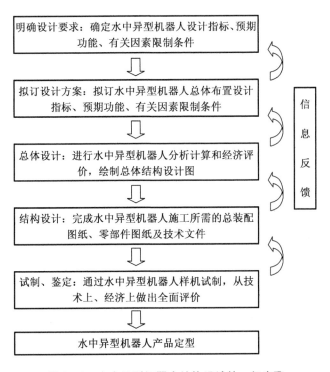

图2-1 水中异型机器人结构设计的一般步骤

2.1.3 机械结构三维建模软件及实现

20世纪90年代初,CAD/CAE/CAM技术已应用于近百个工业领域,比较成熟的是机械、电子、航空航天、汽车、建筑等领域。到了21世纪,工业和社会的各个领域已离不开CAD/CAE/CAM技术。用计算机辅助设计软件构造三维模型常用的CAD软件较多,如AutoCAD、I-DEAS、Unigraphics、CATIA、SolidWorks、Creo等。其中Creo是一个整合Pro/ENGINEER、CoCreate和ProductView三大软件的新型CAD设计软件包,Creo旗下包括草图、电路、建模、加工等模块。这里仅以Creo Parametric和SolidWorks软件为例进行介绍,其中

Parametric 前身就是 Pro/ENGINEER。

1. Creo Parametric 软件应用

Creo Parametric 软件是 CAD 工具软件,可为用户提供一个完整、准确建立和显示三维实体几何形状的方法和工具,具有消隐、着色、浓淡处理、实体参数计算、质量特性计算等功能。软件功能强大,涵盖产品从设计分析到制造的各个方面,分为多个模块,堪称 CAD/CAE/CAM 软件的典范,其造型技术经历了线框造型技术、曲面造型技术、实体造型技术、参数化造型技术等发展过程。目前使用的参数化实体造型技术,其主要的特点是基于特征、全尺寸约束、全数据相关、尺寸驱动的产品设计,代表了 CAD 的第三次技术革命。以软件为代表的全参数化三维设计系统,提供制造业全流程的完整解决方案。产品研发体系包括数字模型定义、数字化模型控制、项目协同及管理和企业级产品数据管理几方面的内容,三维设计软件则主要集中在数字模型定义这部分。作为三维设计的软件,用该软件进行产品设计,尤其是对复杂而系统的产品会有更明显的优势。完整的 3D 建模功能会使产品质量和上市速度得到提高,软件中应用布局、骨架及参照关系等大型复杂产品设计可以建立有效的产品数字化模型,尤其是在设计变更、系列化产品或者数据借用时更为突出。三维软件能够仿真和分析虚拟样机及优化设计,无须制造昂贵的实物样机,既可以以虚拟方式模拟实际的作用力和运动情况,又可以分析产品在这些情况下可能出现的问题。在设计阶段能够及早洞察产品性能,从而改进产品性能,设计更好的产品,同时节省时间和成本。另外软件支持与多种 CAD 工具(包括相关数据交换)和业界标准数据格式兼容,能与 PTC 的其他产品一起形成团队成员之间数字化产品数据环境的有效共享,基于产品研发体系,还可以优化数字化产品价值链,改善企业业务流程。软件设计产品的过程中,三维建模可直观、方便、准确地进行结构设计和布局调整,全局干涉检查、运动分析、有限元分析,可减少设计差错,提高设计质量,也可以实现协同设计、共享数据、提高设计数据再利用,使企业电子档案更安全可靠。因此,在设计阶段就把产品的成本和出错率降到最低,最终使产品的生产周期大大缩短,快速投放市场,可给企业带来不可估量的经济效益。使用强大的工程数据再利用,可以从一个早先设计的子系统复制所有零件、装配和工程图纸,并且修改成适合当前要求的数据,能大幅减少项目开发时间。三维软件解决了二维无法实现的形象直观的设计、产品虚拟装配、运动仿真、干涉检查及绘制宣传效果图等工作,大型复杂产品的系统和自顶向下的设计流程,又可以进行分析优化和虚拟加工,从而提高研发能力。

【应用项目一】一种 ROV 装置的应用设计

(1)设计要求

通过实际机械设计的动手能力,掌握三维设计软件功能的内容,提高开发机械设计的创新意识和三维造型技术。针对 ROV 装置的工作特点,了解 ROV 装置布置形式的组合,对单个零部件进行单件零件结构设计,再对整体的 ROV 装置进行组合装配设计,完成整体结构三维造型设计。该项目属于工程设计类题目,符合机械设计及其相关和相近专业的设计范畴,通过此项目可以锻炼设计能力和提高三维造型技术,为掌握 Creo Parametric 软件三维设计功能打下良好的基础。

总体要求如下：

- 对单体零部件及整体的驱动方式、特点进行分析计算，制订整体结构的设计方案；
- 对整体结构进行设计，完成各个零部件的尺寸计算；
- 对各个零部件进行校核，修改尺寸；
- 对各个零部件进行三维建模、装配设计，进行干涉检验、修改设计；
- 精密机械零部件的公差与配合，绘制总体装配图和零件图，编制设计技术文件；
- 机械加工、安装，修改设计、编写使用说明书；
- 设备维护，完成总体设计和结构设计。

（2）设计方案

一种 ROV 装置的总体设计方案，如图 2－2 所示，具体可包括：浮力块、框架、电子控制舱、竖直推进器、浮心和重心调整装置、云台（照灯、摄像机）、水平推进器以及左右多功能机械手。

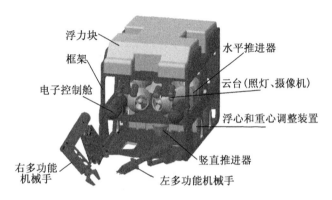

图 2－2　一种 ROV 装置的三维建模设计

其三维建模设计除了进行上述零件的单体零件、左右手组件的准备外，还需进行总体装置的三维装配设计，包括电子控制舱、竖直推进器、浮心和重心调整装置、云台（照灯、摄像机）、水平推进器，以及左右多功能机械手分别与轧辊和框架设计进行组件装配建模，最后完成整体组件建模。

2. Solid Works 软件应用

Solid Works 软件也是 CAD 工具软件，其功能强大、性能优异，易用性和创新性与其他三维 CAD 软件相比更加简单易学，它具有高效、简单的实体建模功能，并且可以利用该软件集成的辅助功能对设计的实体模型进行一系列的计算机辅助分析，能够更好地满足三维建模需求，完成富有创意的产品虚拟制造。其主要优点概括为（1）Solid Works 提供完整动态界面和鼠标拖动控制，属性管理员高效管理设计数据和参数，操作方便、界面直观，其资源管理器可以方便地管理 CAD 文件，是唯一同 Windows 资源器类似的 CAD 文件管理器。SolidWorks 也提供 AutoCAD 模拟器，使得 AutoCAD 用户可以顺利地从二维设计转向三维造型实体设计。（2）Solid Works 可通过互联网进行协同工作，共享 CAD 文件，通过三维托管网站展示生动的实体模型。三维托管网站是 Solid Works 提供的一种服务，可快速地查看产品结构。（3）Solid Works 软件系统在零件建模时，可直接参考其他零件，并保持参考关系，使得装配部件建模时,方便地设计和修改零部件。Solid Works 还可动态查看装配零部件体的所有运动关联,从而进行零部动态的干涉检验。(4)Solid Works 在加工制造工程图时,可提供生成完整详细的工程图制作工具。从三维模型中自动产生工程图,包括视图、尺寸和标注,工程图与所有零部件完全关联,即修改图纸时三维模型、各个视图、装配体都会自动随之更新。

Solid Works 三维建模软件具有非常高的市场占有率,采用该软件进行三维建模虚拟设计,可以缩短设计时间,简单且高效的建模方式以及集成的计算机辅助功能能够很好地满足设计需要。

【应用项目二】一种海底布放系统的应用设计

(1)设计要求

掌握 Solid Works 软件三维设计功能,提高机械设计的创新意识和三维造型技术,针对海底布放系统的工作特点,了解海底布放系统的布置形式组合,对单个零部件进行单件零件结构设计,再对整体的海底布放系统装置进行组合装配设计,完成整体结构三维造型设计。该项目属于工程设计类题目,符合机械设计及其相关和相近专业的设计范畴,通过此项目可以锻炼设计能力和提高三维造型技术,为掌握 Solid Works 软件三维设计功能打下良好的基础。

总体要求同应用项目一的总体要求。

(2)设计方案

一种海底布放系统设备的总体设计方案,如图 2 - 3 所示,具体可包括上环架、缓冲结构、钻进回收取样封堵一体式机构、中环架、控制舱、自动导向机构、配重结构、底环架。

其三维建模设计除了进行上述零件的单体零件的准备,还需进行总体装置的三维装配设计,包括缓冲结构、钻进回收取样封堵一体式机构分别与上环架、中环架进行组件装配建模,控制舱、自动导向机构、配重结构分别与中环架、底环架进行组件装配建模,然后完成整体组件建模。

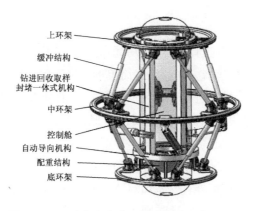

图 2 - 3 一种海底布放系统设备的三维建模设计

（3）设计项目实施路线

机械结构装置的总体三维建模设计实施路线,如图2-4所示。

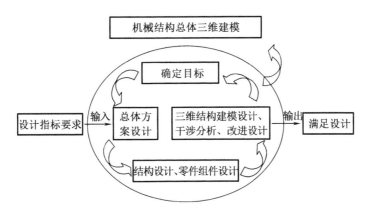

图2-4　三维设计项目实施路线

2.2　水动力学分析及其求解方法

进行水中异型机器人动力学分析时,涉及海洋环境特性,参照航运的海洋环境包括大气、海洋与海底地形。海洋水文气象要素有大气运动、云与降水、海洋上的雾、气团和锋、气旋和反气旋、热带气旋、海上天气预报、海洋波浪、海流、潮汐、海冰、大洋气候等。影响水面船舶等的因素主要是大气和海洋(风、浪、流)。

海况一共有10个等级(见表2-1)。0级海面平静;1级浪高0~0.1 m,风力1级时,寻常渔船略觉摇动;2级浪高0.1~0.5 m,风力2级时,渔船有晃动;3级浪高0.5~1.25 m,风力3~4级时,渔船略觉簸动,满帆时,船身倾于一侧;4级浪高1.25~2.50 m,风力5级时,渔船明显簸动,需部分缩帆;5级浪高2.50~4 m,风力6级时,渔船起伏加剧,缩帆至大部分,捕鱼需注意风险;6级浪高4~6 m,风力7级时,渔船停息港中不再出航,在海者下锚;7级浪高6~9 m,风力8~9级时,所有近港渔船都要靠港,停留不出;8级浪高9~14 m,风力10~17级时,汽船遇之相当危险;9级浪高14 m以上,风力17级以上时,海浪滔天,奔腾咆哮。

表2-1　海况等级

等级	1	2	3	4	5	6	7	8	9	10
级别	0	1	2	3	4	5	6	7	8	9
风浪	无浪	微浪	小浪	轻浪	中浪	大浪	巨浪	狂浪	狂涛	怒涛

海洋预报为安全船舶航行提供了保障,从"天有不测风云""水能载舟亦能覆舟"等对海洋不确定性的畏惧,到定点定位的海洋气象预报,科学的测试手段提高了航线的预报能力。关于海洋环境的海流测量有海流计中的剖面海流测量仪、流速流向测量和卫星遥感海面流场测量等;海洋波浪测试有重力加速度计式、压力声学式测试仪(测波浪),卫星遥感式、噪声监测反演式(测波浪),以及倾斜式波向仪(测波向)等测试方法。

水中异型机器人水动力方程的建立可参照 AUV 的六自由度运动方程:

$$
\begin{cases}
m[(u'-vr+wq)-x_G(q^2+r^2)+y_G(pq-r')+z_G(pr+q')] = X \\
m[(v'-wp+ur)-y_G(r^2+p^2)+z_G(qr-p')+x_G(qp+r')] = Y \\
m[(w'-uq+vp)-z_G(p^2+q^2)+x_G(rp-q')+y_G(rq+p')] = Y \\
I_xp'+(I_z-I_y)qr+m[y_G(w'+pv-qu)-z_G(v'+ru-pw)] = K \\
I_yq'+(I_x-I_z)rp+m[z_G(u'+wq-vr)-x_G(w'+pv-uq)] = M \\
I_zr'+(I_y-I_z)pq+m[x_G(v'+ur-pw)-y_G(u'+qw-vr)] = N
\end{cases}
\tag{2-1}
$$

式中　m——总质量,kg;

I_x、I_y、I_z——动坐标系三轴转动惯量,kg·m²;

u、v、w——速度,m/s;

p、q、r——角速度,rad/s;

u'、v'、w'——加速度,m/s²;

p'、q'、r'——角加速度,rad/s²;

X、Y、Z——潜器外力,N;

K、M、N——潜器外力矩,N·m;

G——重力,x_G、y_G、z_G 为 x、y、z 方向上的重力坐标。

公式右端的 X, Y, Z, K, M, N 是作用在水中异型机器人上的外力以及外力矩在动系中的投影,水动力中黏性类水动力与惯性类水动力是水动力的两个主要部分,将潜器所受六自由度水动力的泰勒公式展开,忽略高于二阶的水动力项,则水下异型机器人的水动力表达式为式(2-2)所示。式(2-2)的展开式中共有流体动力系数84个,这些系数可以参阅参考文献[20]。

$$X = X_{\dot{u}}\dot{u} + X_{uu}u^2 + X_{vv}v^2 + X_{ww}w^2 + X_{rr}r^2 + X_{vr}vr + X_{wq}wq + X_{pr}pr$$

$$
\begin{aligned}
Y = {}& Y_{\dot{v}}\dot{v} + Y_{\dot{r}}\dot{r} + Y_{\dot{p}}\dot{p} + Y_{uu}u^2 + Y_{uv}uv + Y_{up}up + Y_{ur}ur + Y_{p|p|}p|p| + Y_{r|r|}r|r| + Y_{v|v|}v|v| + \\
& Y_{v|r|}v|r| + Y_{vw}vw + Y_{wp}wp + Y_{pq}pq
\end{aligned}
$$

$$
\begin{aligned}
Z = {}& Z_{\dot{w}}\dot{w} + Z_{\dot{q}}\dot{q} + Z_{uw}uw + Z_{u|w|}u|w| + Z_{uq}uq + Z_{uu}u^2 + Z_{vv}v^2 + Z_{pp}p^2 + Z_{w|w|}w|w| + \\
& Z_{ww}w^2 + Z_{q|q|}q|q| + Z_{rr}r^2 + Z_{vp}vp + Z_{vr}vr + Z_{w|q|}w|q| + Z_{pr}pr
\end{aligned}
$$

$$
\begin{aligned}
K = {}& K_{\dot{v}}\dot{v} + K_{\dot{r}}\dot{r} + K_{\dot{p}}\dot{p} + K_{uv}uv + K_{up}up + K_{ur}ur + K_{uu}u^2 + K_{v|v|}v|v| + K_{p|p|}p|p| + K_{vw}vw + \\
& K_{vq}vq + K_{wp}wp + K_{wr}wr + K_{qr}qr + K_{pq}pq
\end{aligned}
$$

$$
\begin{aligned}
M = {}& M_{\dot{w}}\dot{w} + M_{\dot{q}}\dot{q} + M_{uw}uw + M_{u|w|}u|w| + M_{uq}uq + M_{uu}u^2 + M_{vv}v^2 + M_{w|w|}w|w| + M_{ww}w^2 + \\
& M_{pp}p^2 + M_{q|q|}q|q| + M_{rr}r^2 + M_{vp}vp + M_{vr}vr + M_{|w|q}w|q| + M_{pr}pr
\end{aligned}
$$

$$N = N_{\dot{v}}\dot{v} + N_{\dot{r}}\dot{r} + N_{\dot{p}}\dot{p} + N_{uv}uv + N_{up}up + N_{ur}ur + N_{uu}u^2 + N_{v|v|}v|v| + N_{r|r|}r|r| + N_{vw}vw + $$

$$N_{vq}vq + N_{wp}wp + N_{pq}pq + N_{qr}qr \qquad\qquad (2-2)$$

风、浪、流对水中异型机器人的作用可参考风、浪、流对水中船舶作用基本方程。

定义回转风力矩 N_A、纵向风力方向(由船首指向船尾) X_A、横向风力 Y_A、倾斜力矩 M_A，其计算公式如下：

$$X_A = q_A A_T C_{xm}$$

$$Y_A = q_A A_L C_{ym}$$

$$N_A = q_A A_L L C_{nm}$$

$$M_A = q_A A_L H_L C_{km}$$

$$q_A = \frac{1}{2}\rho V_A^2$$

$$H_L = A_L / L_{OA} \qquad\qquad (2-3)$$

其中，L 为船长、A_T 为水线面以上的纵向投影面积、A_L 为水线面以上的横向投影面积。C_{xm} 为纵向风压力系数，C_{ym} 为横向风压力系数，C_{nm} 为回转风力矩系数，C_{km} 为倾斜风力矩系数。

海浪作用力模型可参照公式(2-4)：

$$X_w = -\iiint_V \frac{\partial \Delta p}{\partial x_b}\mathrm{d}V$$

$$Y_w = -\iiint_V \frac{\partial \Delta p}{\partial y_b}\mathrm{d}V$$

$$N_w = -\iiint_V \left(\frac{\partial \Delta p}{\partial x_b}y_b - \frac{\partial \Delta p}{\partial y_b}x_b\right)\mathrm{d}V \qquad (2-4)$$

将海流载荷视作定常力考虑，海流力按照以下计算：

$$F_c = \frac{1}{2}\rho C A U_c^2$$

F_c——海流力。

海流力可分为三项进行计算，即横向力 F_x，纵向力 F_y，以及回转力矩 N_{xy}，计算公式为

$$F_x = \frac{1}{2}\rho C_{xc} U_c^2 T L_{pp}; F_y = \frac{1}{2}\rho C_{yc} U_c^2 T L_{pp}; N_{xy} = \frac{1}{2}\rho C_{xyc} U_c^2 T L_{pp}^2 \qquad (2-5)$$

水动力学求解，可为水中异型机器人的动力源及驱动器选型和控制器设计提供指导。

2.3 导航与定位技术

常规导航技术是通过磁、光、电、力学等技术和方法实时测量并预知空中飞机、海上船舶、海里潜器、陆地车辆、人群等运动物体位置及相关参数，实现运动体定位和沿着预定的路线从始点引导到终点的技术。

导航技术种类很多，以参照物为标识的导航有：卫星导航、惯性导航(自身标识)、地形辅助导航等；导航信息通信方式有：无线电通信导航、光纤通信导航、声呐通信导航、地磁导

航等,综合上述导航技术还有组合导航或综合导航。把能够完成某个导航定位任务的所有设备组合叫作导航系统,例如无线电导航系统、卫星导航系统、惯性导航系统、组合导航系统、综合导航系统等。

其中惯性导航又称自主式导航或自备式导航,运动体通过装在自身上的导航设备就能直接或间接推算而获取运动体导航定位相关数据。其他方式都属于他备式导航,依靠运动体外部设备获取导航信息。

水中异型机器人导航方式是以路径规划为目的的导航技术。实现水下作业,在远距离端至少需要三个方面的信息,即目标的距离、方位和深度信息。水下远距离端一般采用水声引导的方法,或者采用惯性导航加多普勒速度计程仪等组合导航方法接近目标,水下终端导航传感器一般有 4 种:声学传感器、电磁传感器、光学传感器和视觉传感器。水下终端导航传感器通常采用组合方式,如采用声学传感器和光学(视觉)传感器组合方式,也可采用声学传感器和电磁传感器组合的方式。此外还有全球定位系统(GPS)、海底跟踪导航、地磁导航、重力导航等导航系统。

水中异型机器人控制的动力定位方法——动力定位系统(dynamic positioning system, DP)是一种闭环的控制系统,主要由三部分组成:(1)位置测量系统,测量出潜器相对于某一参考点的位置。(2)控制系统,首先根据外部环境条件计算出机器人所受的扰动力,然后由此外力与测量所得位置,计算得到保持机器人位置所需的作用力,即推力系统应产生的合力。(3)推力系统,一般由数个推力器组成。其功能是不断检测机器人的实际位置与目标位置的偏差,再根据外界扰动力的影响,计算出使机器人恢复到目标位置所需推力的大小,并对机器人上各推力器进行推力分配。其优点是定位精确、机动灵活,因此近年来动力定位系统的研究变得越来越重要。DP 表现有如下方法:GPS 法,建立水中机器人动力学及运动控制方程,并完成推力分配,运用 GPS 卫星导航技术完成水中异型机器人的导航;变结构控制法,使水中异型机器人各个结构状态特性与环境扰动分量对动力定位性能有影响,适用于线性及非线性系统,尤其适用于非线性系统的变结构系统的调节、跟踪、自适应及不确定等系统,该方法强耦合、高维数、有较强鲁棒性;模糊控制法,基于模糊规则制订,设计动态神经网络模糊控制器,对水中异型机器人的动力定位进行控制的有效方法;自适应控制法,基于自适应平滑增益滑模观测器和多变量积分控制器等非线性控制方法,可控制水中异型机器人六自由度位姿,获得较好的动态性能和稳态控制精度。各种水中异型机器人控制的动力定位方法需结合模型水池试验来证实算法可靠性。

惯性导航的主要电气元器件由传感器器件(陀螺仪和加速度计)、滤波和解算模块、电路模块、电源模块及外部壳体等构成,通过陀螺仪可以测量获得姿态角,通过加速度积分可以得到速度,通过速度积分可以得到位移,依靠陀螺仪和加速度计就可以解算获得位姿参数。惯性导航的优点是不依靠外部信号,实时获得导航参数信息,不管在任何空间位置,都能够保持自身的导航工作。惯性导航的精度代表了产品的等级和发展历程。由于存在累积误差,因此除了自导航外,还可以与外部导航方法组合形成组合导航系统,同时可与卫星、里程计、DVL 及其他辅助导航信息进行组合导航,实现高精度的运动测量,从而实现高精度的导航。表 2-2 为目前国内先进的光纤陀螺高精度惯导系统技术指标。

表 2-2　惯导系统技术指标

类别	参数	技术指标
惯性导航精度	航向	$0.02°(1\sigma)$
	姿态	$0.01°(1\sigma)$
	位置	0.6 n mile/h(CEP)
	速度	0.3 m/s(1σ)
惯性/卫星组合导航精度	航向	$0.01°(1\sigma$ 车载)
	姿态	$0.005°(1\sigma)$
	位置	1.5 m(CEP)
	速度	0.02 m/s(1σ)
惯性/里程计组合导航精度	航向	$0.02°(1\sigma)$
	姿态	$0.01°(1\sigma)$
	位置	5 m $+0.07\%D$(CEP)
	速度	0.05 m/s(1σ)
惯性/DVL 组合导航精度	航向	$0.02°(1\sigma)$
	姿态	$0.01°(1\sigma)$
	位置	5 m $+0.1\%D$(CEP)
	速度	0.1 m/s(1σ)
仪表精度	陀螺零偏稳定性	$0.005°/h(1\sigma)$
	陀螺零偏重复性	$0.005°/h(1\sigma)$
	加表零偏稳定性	10 ug(1σ)
	加表零偏重复性	30 ug(1σ)
GNSS 定位时间	冷启时间	不大于 60 s
	典型重捕时间	不大于 1 s
物理特性	尺寸	<160 mm $\times160$ mm $\times150$ mm^3
	质量	<6 kg
环境特性	工作温度	$-45\sim75$ ℃
	工作温度	$-50\sim80$ ℃
	振动	6(g@$20\sim2\ 000$ Hz)
	冲击	30(g,11 ms,$1/2$sine)
适用场景		陆海空中的车辆、潜器、无人机、浮空器等

全球卫星导航系统(global navigation satellite system,GNSS),是在地球表面或近地空间为用户提供三维坐标、速度和时间信息的空基无线电导航定位系统,包括美国 GPS、俄罗斯 GLONASS、欧盟 GALILEO 和中国北斗卫星导航系统(BDS)。

从 1970 年末 GPS 开始建设,至 2020 年多星座构成的 GNSS,均属于第 2 代卫星导航系统,是涵盖全球、区域系统和星基增强系统在内的系统概念。GNSS 在防灾减灾、测绘、电力电信、工程建设、机械控制、交通运输等位置服务中都有广泛的应用。

由于在水中电磁波衰减快,无线电信号在水下导航定位中有局限,而声波信号衰减比较小,可传播几万米,因此采用声波在海洋中完成导航定位、探测通信等,通常被称为声呐技术。声呐导航定位系统的单元器件主要包括换能器(声能－电能相互转换)、应答器(既收又发)、被动水听器(只收不发)。举一个水下声呐检测设备的例子(图 2－5),水下声呐检测设备具有可到达不同深度的水域、稳定可靠、运动速度快、探测范围广、工作效率高的特点。该设备主要由三大部分组成:陆基主控工作基站 1;声呐探测组件 2;平台 3。组件 2又由探测机体 2－1、推进器(2－2,2－3,2－4,2－5)、声呐探测器 2－6 组成;平台 3 又由机体 3－1、推进器(3－2.1,3－2.2,3－2.3,3－2.4,3－2.5,3－2.6)、滚筒 3－3、旋转平台 3－4、防水电机 3－5、蜗轮 3－6、蜗杆 3－7、蜗轮蜗杆安装固定台 3－8 组成。主控微型计算机对声呐探测组件 2 监测到的数据进行存储、分析与处理,控制声呐探测组件 2 和平台 3 的运动和定位。通过推进器、声呐探测器、蜗轮蜗杆机构、通信电缆、防水电机驱动实现了水下声呐检测设备在深海领域的运动与定位检测,设备基体的一次定位可以让水下声呐探测组件绕着基体竖直中心线探测一个环形水域。

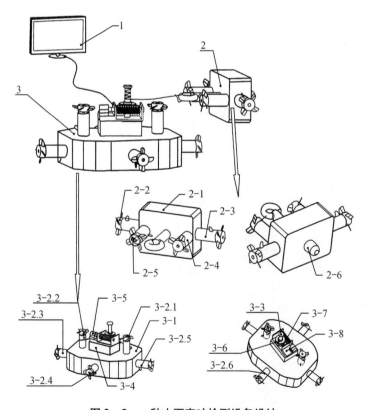

图 2－5　一种水下声呐检测设备设计

2.4 控制系统组成

控制系统在设计和搭建时可以考虑采用分层递阶控制方法来实现,分层递阶控制由操作级、组织级、协调级、执行级组成。下面举例说明,一种水中异型机器人的控制系统可采用分层递阶控制策略,上位机远程遥控方式由 LabVIEW 控制界面实现,称为操作级,下位机可由组织级、协调级、执行级组成,上下位机通信方式选择无线 WiFi 传输 + 声呐通信,总体技术路线如图 2-6 所示。

控制系统包括传感器配置——避碰声呐、高度计、深度计,此外,水中异型机器人外部通信或他备式导航离不开通信系统,比如光纤通信、激光通信、电磁/射频通信和水声通信等。利用声波进行水下通信联络的声呐也称水声通信机。比如目前新型航空的声呐是无线的,不需要用电缆和飞机连接。飞机将它们投到预定海域内,它们便可漂浮于海上。声呐天线伸出水面,水听器布置于水中,把在水中收到的声信号变成电信号再通过天线发射出去。

水中异型机器人目前主要采用的智能控制方法有:常规 PID、模糊 PID 控制,神经网络控制,专家系统控制,自适应控制,变结构滑模控制,人工智能等。

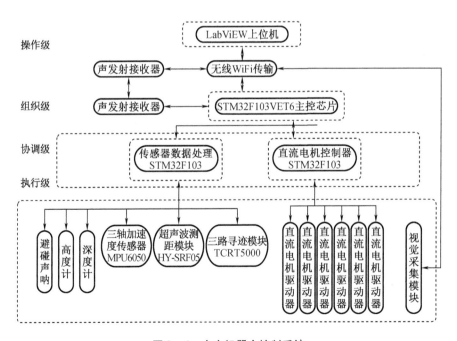

图 2-6 水中机器人控制系统

以常规 PID、模糊 PID 控制为例,建立基于 LabVIEW 上位机监测和控制操作界面的分层递阶控制系统,该系统采用自适应模糊 PID 控制器对水下驱动控制进行仿真后,再通过软件编程实现行走机构的控制,自适应模糊 PID 控制比常规 PID 控制效果好。

建立模糊控制器的规则,在仿真模块下对模糊规则进行调用,可得到模糊控制的模糊变量,采用三角形隶属度函数的方法得到每个输入输出的隶属度函数。如图 2 - 7 所示。在阶跃输入的情况下,设定稳态值误差为 0.3%,仿真结果显示达到稳态值的调整时间仅需 0.2 s,模糊自适应 PID 控制具有快速响应的能力,系统的最大超调量约为 2%,在调整时间内模糊自适应 PID 的震荡次数远小于传统 PID 的震荡次数,最大超调量也比传统 PID 小,具有很强的鲁棒性和稳定性,验证了模糊自适应 PID 控制算法的可行性。

可建立动态特性公式(2 - 6),然后带入相关基本参数数值,就可求得系统的开环传递函数式(2 - 7)和系统的闭环传递函数式(2 - 8),建立模型后可分析系统的稳定性。从图 2 - 8 中可以看出,尽管系统具有确定的增益裕度和相位裕度,但系统是稳定的。由于开环和闭环频率宽度的增幅较小,响应速度较慢,因此系统的开环频率 - 振幅特性存在较大的调整空间。

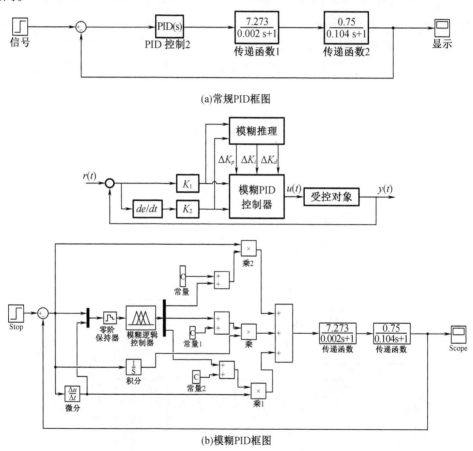

(a)常规PID框图

(b)模糊PID框图

图 2 - 7　常规 PID 和模糊 PID 控制

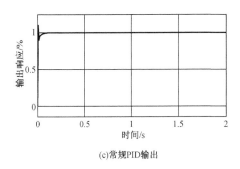

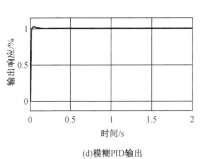

(c)常规PID输出   (d)模糊PID输出

图 2 -7(续)

$$\theta_{\mathrm{m}} = \frac{\dfrac{k_{\mathrm{q}}}{D_{\mathrm{m}}}x_v - \dfrac{k_{\mathrm{ce}}}{D_{\mathrm{m}}^2}\left(1 + \dfrac{V_{\mathrm{m}}}{4\beta_e k_{\mathrm{ce}}}s\right)T_{\mathrm{L}}}{s\left(\dfrac{s^2}{\omega_{\mathrm{h}}^2} + \dfrac{2\xi_{\mathrm{h}}}{\omega_{\mathrm{h}}}s + 1\right)} \tag{2-6}$$

$$G(s) = \frac{9.78}{2.004 \times 10^{-6}s^5 + 1.009 \times 10^{-4}s^4 + 3.81 \times 10^{-3}s^3 + 7.13 \times 10^{-2}s^2 + s} \tag{2-7}$$

$$\varphi(s) = \frac{9.78}{2.004 \times 10^{-6}s^5 + 1.009 \times 10^{-4}s^4 + 3.81 \times 10^{-3}s^3 + 7.13 \times 10^{-2}s^2 + s + 0.656} \tag{2-8}$$

k_{ce}——总压力系数

θ_{m}——角度

k_{q}——流量系数

水下作业型机器人,常常会用到液压执行机构,通常采用电液比例方向阀、溢流阀、速度传感器等设计电液比例闭环控制系统。下面举的例子为控制驱动两个液压发动机的一个范例,其液压控制系统包括:齿轮泵1、先导控制止回阀2、带分流器的分流器级联3、安全阀4、电动液压比例方向阀5、液压发动机6、速度传感器7、滤油器8、油箱9,其工作原理如图2 -8(a)所示。

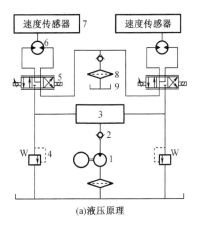

(a)液压原理

图 2 -8 特性曲线

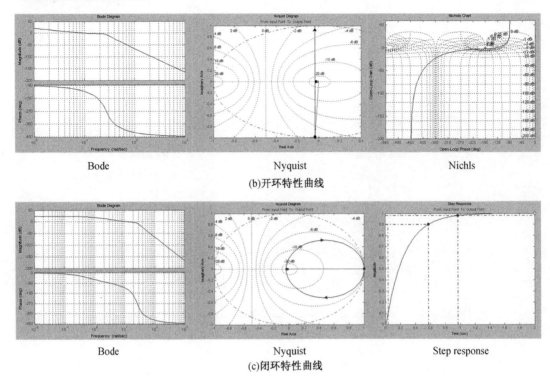

Bode   Nyquist   Nichls

(b)开环特性曲线

Bode   Nyquist   Step response

(c)闭环特性曲线

图 2 - 8(续)

第3章 船舶送缆机器人

船舶事故损伤一般是指在水上航行的船舶、舰艇,因触礁、碰撞、台风、翻船、失火、意外爆炸、有毒气体泄漏等情况导致的损伤。重大船舶失事案例表明:绝大多数船舶事故都是由对环境的非结构化适应性估计不足而引起的,所以无论从施救方法上还是从与环境适应的机理上来看,只有对环境正确的感知,才可获得可靠的环境信息,这就需要一方面依赖于自然交互,另一方面依赖非结构环境的动态适应性和自主作业。对环境信息的感知包含了对船舶送缆机器人的海面游动、船体表面攀爬、固定缆绳等功能特征及其环境的受力倾向性的分析与评价。本章简要叙述了船舶送缆机器人的应用、功能和设计,可为相关的机器人研究提供参考。

3.1 船舶送缆机器人的应用

随着我国智慧海洋工程的建设,相继出现了大吨位的船舶制造工程,中国造船量逐年增加,在数量上已经成为第一大造船国。这些工程的规模和技术难度均给我国工程技术人员带来了挑战。江苏省是全国造船业的第一大省,主要的造船企业有江苏镇江船厂(集团)有限公司,南通中远川崎船舶有限公司等;辽宁省拥有发展船舶的自然条件和雄厚工业基础,船舶建造整体水平不断提高,形成以大连为中心,营口、盘锦等地为"两翼"的环渤海造船工业带,主要的造船企业有大连船舶重工集团有限公司,渤海船舶重工有限责任公司等;上海船舶工业主要生产各种系列船舶,如油船、散货船、集装箱船以及海洋工程装备,在国内国际市场上都具有很高的知名度。主要的造船企业有上海外高桥造船有限公司、上海船厂船舶有限公司、江南造船(集团)有限责任公司等;浙江省是全球较大的中小型船坞制造基地之一,主要的造船企业有浙江造船有限公司、浙江欧华造船有限公司、扬帆集团股份有限公司等;还有湖北、山东等省份也在发展造船业,以此带动相关的产业发展,如机械、电气、冶金、电子仪表、石化、电力、建材、金融和船舶配套产品等相关领域。可以预见,随着我国基础工程建设和海洋资源的开发,越来越多的船舶建造、维修、保养、救护等相关产业将蓬勃发展。

航运是全球贸易的基石,国内外往来的船舶数量十分庞大。同时,我国航路也是全球海上通航环境较差、风险较大、事故多发的地段。船舶遇险、船员伤亡的数量和直接经济损失逐年上升,航运业支撑安全营运的成本陡然增加。

从可持续性发展来看,航运强国的海运船队不在于"大",而在于规模适度、结构合理、通航安全的"强"。现代化港口体系不在于拥有多少码头,更在于专业化的设备、安全和完善的运输系统。这不仅是构建可持续性增长模式的基础,也是航运要素结构重组,向更安全、智能化转型的必由之路。

航运作为经济与贸易的关键所在,其安全方面的重要性不言而喻。一旦发生海上船舶事故而无法及时实施有效救援,造成的人员伤亡和经济损失将不可估量。发生故障在海上随风漂泊的船只,存在被吹向礁石而发生二次损害甚至沉没的危险。这些船只大部分都需要被救援船拖拽送往安全地区,这就需要专业的救援人员来进行操作。但目前靠救援人员投递缆绳十分危险,而依靠掷缆枪投掷缆绳准确率又很低,如果投递距离缩近,救援船只和遇险船只随时有相撞的危险。因此如何将救援缆绳运送给遇险船只成为救援行动的一个关键问题。因此,拥有高专业性、可靠性和高效性的船舶救险机器人必将在未来的海上船舶事故救援工作中扮演重要角色。在海况等级较高的情况下,船舶容易出现抛锚、搁浅等状况,一般的救援装备面对恶劣的海况环境很难到达预定的位置对船体进行解救,因此会耽误船舶的救援,从而使船体发生难以预料的财产损失甚至是生命损失。另外高海况的非结构化条件,海洋船舶在使用中的各种不确定性因素使船舶的可靠性显得极为重要,一旦出现极端恶劣环境(如高海况下如何应对,怎样实施救护等),如何寻求新的海洋船舶救护,采用机器人技术参与船舶救助,并将智能控制理论应用到机器人技术中是海洋船舶救助开发领域的一个新研究方向。

在现有的救生设备中,很少有既能在水中前进又能进行爬船体壁的装置,有些装置虽然满足要求,但是在爬壁过程中受恶劣环境的影响,以及对船体的吸附力不够,往往达不到预期的效果而发生侧翻,导致救生设备难以送达指定位置。研制一种既能在水中前行,又能克服恶劣环境对吸附力影响的船舶送缆机器人是实现高海况救生的关键技术。

3.2　船舶送缆机器人的功能

针对海上失事船舶救援工作,设计一种可以从救援船只向遇险船只输送救援缆绳或电缆的机器人设备,这种设备是专门辅助船舶救援的船舶送缆机器人,该异型机器人属于特种作业型机器人范畴。

船舶送缆机器人可以取代救援人员完成危险的救援工作,提高搜救效率、挽救生命和财产。若要完成送缆作业任务,船舶送缆机器人需要具备如下三个功能:(1)游动功能,即机器人要从母船游动到被救船只,然后实施作业;(2)攀爬功能,即机器人要从水中爬上遇险船只,然后实施作业;(3)送缆夹持功能。

船舶送缆机器人要实现上述三种功能,可借鉴和参考的水中机器人较多。首先是实现可游动的机器人,这个完全可以参考水下机器人,这里选择两个槽道式水下推进器就可以实现游动,见后面的详细设计。其次是可以借鉴和参照爬壁机器人,来实现送缆机器人的攀爬功能。目前许多国家都在进行爬壁机器人的相关研究,美国、日本、欧洲、中国等相关科研机构研发的爬壁机器人如图 3-1 所示。

(a)美国真空吸附式　　　　　　　　　(b)加拿大磁力吸附式

(c)香港城市大学吸附履带式　　　　　(d)上海大学双吸盘轮式

(e)哈尔滨工程大学永磁式　　　(f)上海交通大学永磁式　　　(g)哈尔滨工业大学永磁式

图3-1　有代表性的爬壁机器人

　　20世纪60年代,日本大阪府立大学根据电风扇进气侧负压产生吸附力原理制作出爬壁机器人,20世纪80年代末,日本东京工业大学又发明了一种永磁吸附式爬壁机器人,吸附装置由电动机提供动力,使吸附装置紧贴在墙壁上。1997年,美国研发了一种真空吸附履带式爬壁机器人,在机器人的两个磁履带上安装多个吸盘,增大吸附力,机器人在履带移动的同时,吸盘会不断地与墙壁壁面间形成真空空间,使机器人与墙体保持牢靠的状态。加拿大研发的永磁履带式爬壁机器人,可在水下30 m工作,最大爬行速度为10 m/min。

　　近年来,香港城市大学研发了Cleanbot-Ⅲ型机器人,此机器人履带上共设置52个小吸盘,通过这些小吸盘可实现机器人的吸附和转向功能。上海大学研制了双吸盘轮式爬壁机器人,可以不借助外力而吸附在高楼的外壁上,让机器人能够实现移动和自动清洗功能。哈尔滨工程大学的船舶表面清刷机器人、上海交通大学的油箱容积测试机器人、哈尔滨工业大学的锅炉水冷壁清洗和检测机器人,都是采用永磁吸附的履带式爬壁机器人。

船舶送缆机器人的第三个功能是实现夹持,可以借鉴和参考水下多功能机械手的夹持功能,比如7功能、5功能水下机械手。为使船舶送缆机器人末端执行功能的送缆作业操作简单,可以采用2~3个关节实现夹持动作,以实现船舶送缆机器人的夹持功能。

3.3 船舶送缆机器人的结构设计

进行船舶送缆机器人的机械结构设计。其中,主要的机构部件具有游动机构、爬行机构和送缆夹持机构。设计船舶送缆机器人总体方案,需要进行三维建模和运动分析。

3.3.1 船舶送缆机器人的设计指标

船舶送缆机器人的主要技术参数:

(1)总体尺寸:1 200 mm × 600 mm × 320 mm

(2)爬行速度: > 500 mm/min

(3)游动速度: > 1 000 mm/min

(4)整机质量: < 130 kg

针对以上参数和要求,设计应考虑以下几方面:

(1)根据设计技术参数要求设计机器人主体构成,按照参数确定总体方案,包括设计游动、爬壁、送缆夹持机构等。

(2)根据水中静力学分析和动力学分析设计为机器人提供浮力的装置,以及水中推进装置,确保机器人游动功能的实现。

(3)根据船舶送缆机器人爬壁时的力学分析设计满足船体壁面攀爬、吸附的装置,该装置能够稳固地吸附在壁面上,并且能够为机器人提供一定的行驶速度。吸附装置可靠性决定了机器人的爬壁工作能力。

(4)设计缆绳夹持装置的结构、装配和驱动、传动方式,用于悬挂缆绳和取用缆绳。

(5)设计提供翻越功能的装置。由于所设计船舶送缆机器人需要完成从船舶壁面上翻越至甲板上的工作流程,因此必须有一个能提供翻越功能的装置。

(6)设计防水密封结构,船舶送缆机器人所处的海洋工作环境是水面上,与海水接触,必须进行防水保护,因此需要设计良好的密封结构,以达到防水的效果。

(7)选用设计其他实现功能的辅助部件,如机械视觉机构或视觉云台装置等。

(8)应用三维软件进行三维建模、运动仿真、检验装配,运用有限元静应力分析校核零件强度。

3.3.2 船舶送缆机器人的设计

总体方案的设计需要根据具体环境和实际情况来确定。既需要解决船舶送缆机器人能够实现水中浮游和防水密封等技术问题,又要解决船体爬壁时的吸附、行走、驱动等技术问题,同时,船舶送缆机器人的设计又要满足四个方面:结构轻便,吸附稳固,动力足够,密封性好。如图3-2所示。

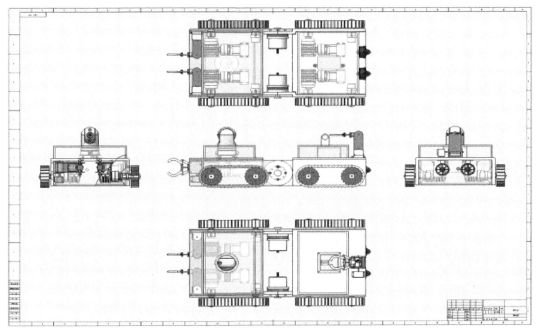

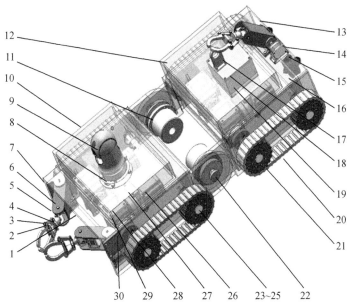

图3-2　船舶送缆机器人总体方案

图3-2给出了船舶送缆机器人的总体设计方案,包括:前身机壳1;夹持装置下平台2;连杆3;夹持装置上平台4;锥齿轮传动5;中间机构6;夹持装置底座7;摄像头减震器8;防水摄像头9;前身浮力材料10;回转执行元件11;后身浮力材料12;后身机壳13;底座电机

14;电机防水壳15;螺旋桨推进器16;夹持装置锁定杆17;控制箱盖18;控制箱19;电磁履带20;履带轮21;销轴22;轴端旋盖23;支撑轴24;动密封圈25;步进电机26;电机固定架27;减速器固定架28;减速器29;弹性柱销联轴器30。通过三维模型对上述零部件进行零件建模,然后进行装配设计。整体船舶送缆机器人的机构设计采用电机驱动螺旋桨推进器和电磁吸附履带式爬壁机构,并且在艉部、艏部设有夹持装置。

3.4　船舶送缆机器人的分析

完成船舶送缆机器人的总体结构设计后,要进行船舶送缆机器人的游动分析、攀爬分析和夹持分析。

3.4.1　船舶送缆机器人游动动力分析

为实现船舶送缆机器人的游动功能,首先要保证船舶送缆机器人在水面上漂浮而不侧翻,需要计算浮心与重心位置,确定浮力材料的配置方式。其次要能克服海水阻力并实现快速航行,需要进行动力学分析,确定航行时海水阻力,根据阻力和航速选择推进器。

根据流体力学理论,水中浮体装置的"浮力"和"重力"绝对值相等而方向相反且位于同一条线上,则浮体处于静止平衡状态。有两种力作用于静止浮体,一个是浮力,用 D 表示;另一个是重力,用 G 表示。则有 $G = D$, $x_d = x_g$, $y_d = y_g$, z_d 等于或略大于 z_g,其中,(x_d, y_d, z_d) 为浮心坐标,(x_g, y_g, z_g) 为重心坐标。

可以通过公式(3-1)计算:

$$x_g = x_d = \frac{\sum M_x}{\sum G}$$

$$y_g = y_d = \frac{\sum M_y}{\sum G}$$

$$z_g = z_d = \frac{\sum M_z}{\sum G} \tag{3-1}$$

按照基本对称结构设计,重心坐标在机器人的几何中心上,solidworks 三维模型的质量分析也印证了这一点。重心坐标 (x_g, y_g, z_g) 为 $(627, 270, 120)$,添加浮力材料时也要相对于重心对称配置,以保证浮力与重力方向共线。在前后机身底部分别添加一块方形浮力材料,同时为了保证浮心高于重心,在前后机身顶部也分别添加一块材料。添加浮力材料后,机器人底部吃水面积 S 约为 0.648 m²,为实现在静水中平衡应满足

$$\rho g S h = G \tag{3-2}$$

求得 $h = 0.27$ m,因此为保证机器人在静水中能漂浮,机器人高要大于 0.27 m,机器人

壳体高度为0.22 m,所以机壳上至少添加厚度为0.05 m的浮力材料。根据实际情况本书选择的浮力材料厚度为0.1 mm,通过 solidworks 建模反复微调形状,最终机器人浮心坐标为(627,270,135)。

航速为V,阻力为R,机器人克服阻力R以速度V匀速航行时消耗推进器的功率为 P ,则三者关系为

$$P = V \cdot R \tag{3-3}$$

$$R = R_f \cdot C_k \tag{3-4}$$

$$R_f = \frac{1}{2}(C_f + \Delta C_f) \cdot \rho S V^2 \tag{3-5}$$

$$C_f = \frac{0.455}{(\log Re)^{2.58}} \tag{3-6}$$

$$Re = \frac{V \cdot L_R}{v} \tag{3-7}$$

其中,ΔC_f 和 C_k 为修正系数,这样,由式(3-3)到式(3-7)就可以求出推进器消耗的功率,从而为选择推进器的电机功率提供指导,选择电机功率应大于计算功率,参见 T280S 推进器参数(见表3-1)。

表 3-1 T280S 推进器参数

产品/参数	额定功率	常规电压	向前推力	向后推力
T280S	400 W	48 V	7.3 kg	7.3 kg

螺旋桨推进器是最常用的驱动推进器。大多数非大型水下作业的机器人都通过驱动电机直接连接到机器人的螺旋桨,这种驱动原理的螺旋桨推进器即电机推动器。电机推进器可以使用直流电动机,也可以使用交流电动机。除电机推进器外还有液压推进器。液压驱动系统拥有强大的推进力,使螺旋桨具有良好的转速,水流量容易控制,与电机驱动相比,调速更方便,因此使用这种推进器通常可以实现更高级的无级调速。液压驱动系统安全、可靠、灵活、经济实惠。

3.4.2 船舶送缆机器人攀爬分析

爬壁方案的选择主要包括吸附方式和运动方式的确定。

爬壁机器人常见的吸附方式有三种:负压(真空)吸附、磁吸附和正压(推力)吸附。负压吸附,通过气泵抽取气体使吸盘内产生负气压,并将爬壁机器人固定在墙上。使用负压

吸盘作为吸附装置的爬壁机器人,按照吸盘的结构形式,可分为带普通吸盘和带滑动吸盘两种。普通吸盘与壁面间没有相对滑动,必须通过交替吸附来实现爬壁运动。为确保吸附牢固,要求吸盘的吸附力越大越好。而滑动吸盘与壁面间是相对滑动的关系,且吸盘内为负压并非真空,尺寸往往大于普通吸盘,但是由于存在相对滑动,滑动吸盘吸附力不是越大越好。吸附力越大,爬壁机器人需克服的壁面阻力就越大,但若吸附力太小,爬壁机器人在运动过程中吸附的稳定性则不能保证。带滑动吸盘爬壁机器人,可以实现连续运动,其具有结构简单、移动速度快、灵活的优点。但其要求壁面十分光滑,一旦壁面障碍物较多,容易产生漏气现象,从而导致机器人整体脱落。本书设计初拟采用滑动吸盘的吸附方式,但由于其尺寸过大,吸附不牢靠,且需携带繁重的气泵装置而最终改选为磁吸附方式。

正压吸附,是利用螺旋桨或风扇产生推力,将爬壁机器人压在壁面上的一种吸附方式。此种爬壁机器人可以轻松地越过障碍,且结构简单,但其效率低下,控制性较差,不符合吸附稳固方面的要求。

磁吸附要求壁面的材料必须是导磁的。其包含两种方式,分别是永磁和电磁。电磁保持吸附力需要持续供电,容易控制。永磁式则无须供电,可靠性高,但控制不便。磁吸附装置的主要优势是结构较简单,吸附力远大于负压吸附,无须考虑漏气问题,对各种壁面环境的适应力较强。该种吸附方式原理简单,易于操作,能在小空间内产生强大、可靠的吸附力。

爬壁机器人的运动方式包括运动灵活的足式、吸附稳固的履带式和移动快速的轮式。足式机器人通常有多个自由度,具备一定越障能力,也能轻松实现空间移动,但移动速度较慢,较多的自由度也导致了机构设计和运动步态规划更加复杂,从而使总体质量增加,需要的驱动力也随之增大。履带式机器人虽然可靠性高,对各种壁面都有较强的适应能力,但它调整姿态和转变方向比较困难,灵活性差。轮式爬壁机器人结构简单、移动速度快、控制灵活,但最好配备专门的轨道。若采用磁性轮则可能产生吸附力不足的问题,且受壁面环境影响比较大,遇到障碍时易发生脱落。

爬壁方案的确定是本方案设计中最重要的环节,船舶送缆机器人需要在船舶壁面上爬行,船舶壁面上为空间曲面,如果吸附力不够会导致船舶送缆机器人难以攀爬而落入水中,考虑到攀爬功能的可靠性,可以选择永磁履带式 + 辅助真空吸附式的组合方式,这种组合对各种船体壁面情况都有较强的适应能力,可以满足船舶送缆机器人的爬壁要求。

3.4.3 船舶送缆机器人夹持分析

为满足取缆、挂缆的工作需要,采用自行设计的夹持装置。在船舶送缆机器人前部设置一个锁定杆和夹持装置,夹持装置通过电机驱动来抓紧和松开锁定杆,或取用悬挂缆绳。工作时缆绳挂在夹持器上,夹持器夹紧锁定杆防止缆绳脱落。或将缆绳直接套在锁定杆上。同时设置两个相同的夹持器在机器人后部(一左一右),用以辅助攀爬,也可以在机器人逆向行驶时实现夹持缆绳等功能。为满足工作需要,设计夹持器为三个自由度,主要由底座、中间机构和缆绳夹持器构成。

夹持装置应满足以下条件:

(1)夹紧力和驱动力应保证在合适的范围内,若过大则功耗较多,体积较大,经济性差;

过小则会产生夹持松动。

（2）有2～3个自由度，能实现夹紧和松开的功能。

（3）应保证夹持器具有一定的运动精度，有相对准确的位置、角度反馈。

（4）结构紧凑、质量轻、效率高，但同时要保证自身刚度、强度满足要求。

（5）应配备一个锁定杆固连于机体，便于夹持器抓取，或者捆绑缆绳。

使用电机驱动夹持装置可以避免能量转换的中间环节，效率高。而且使用方便，噪声较低，控制灵活。电机系统将电动机、测速机、编码器和制动器集成到一个装置中，从而增加了安全性和稳定性。此外，电动机记录运行距离或收发的脉冲数，并将数据反馈给控制元件，使得自身准确性相当高。夹持结构选择锥齿轮传动的方式，齿轮是机械传动中最常用的传动类型，其传动效率高，传动比率恒定，且传动精度很高，可以应用于精确的位置控制。同时，它体积精巧，空间占用较小，工作可靠、寿命长。且锥齿轮可改变传动的方向，应用在中间机构内部可以节省空间，方便电机的位置摆放。

机器人常用的机械式夹持器按其运动方式可分为回转型和平移型。选择回转型夹持器结构，结构简单、紧凑、选材轻量化优点。机械结构采用超硬铝合金材料，在保证刚度的情况下又降低了整体质量。

夹持器的结构如图3-3所示，前端伸出长度约为80 mm，开合范围0～78 mm。它的内部结构直线电机装在与上平台一体的密封舱里，电机轴从上平台的中心孔伸出，与下平台通过螺纹连接。选用25BYZ-B01型永磁直线步进，步长0.041 17 mm，标称推力30 N，最大行程50 mm，最大功率25 W。电机轴伸出的位置安装有动密封圈，保证电机运动时装置依旧有良好的防水性。密封舱上部与固定座通过螺栓连接，其间配有O形密封圈。工作时直线电机带动下平台上下运动，下平台与连杆共同调节夹持器的夹紧和松开。

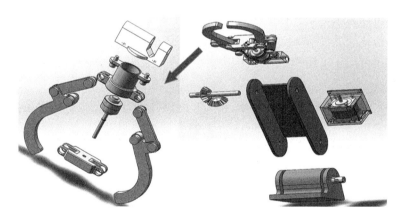

图3-3　船舶送缆机器人夹持设计及其结构图

第4章　微型水下观光机器人

微型水下观光机器人作为水下观察型设备的一种,注重的是观光体验及安全保证,综合体现在潜器壳体系统及骨架系统的设计和控制系统遥控操作上。本章进行了球形观光潜器的壳体及骨架结构设计,对其进行了应力、模态、谐响应等静力学及动力学分析和验证,并通过疲劳分析、可靠性分析等方法对其进行了结构的疲劳特性及可靠性验证,立足载人观光潜器水下观光特点,结合水下工况特点对潜器功能的实现进行相关结构分析及水动力学研究,根据其水动力特性开展相关运动控制策略的研究及实现,并开发基于 LabVIEW 的水下观光机器人综合显控系统。

4.1　微型水下观光机器人的应用

随着现代消费观念的逐渐提升,沿海度假已成为一种新型的旅游方式。广阔的海底世界更具神秘感,体验水下观光已成为人类向往已久的休闲项目。为实现人类这一梦想,相关的潜水运动快速发展,但是作为潜水运动,它要求我们具有相关的专业技能才可以在水下运动自如。目前潜水观光取代潜水运动已经为我们提供了水下观光的基础条件,而水下观光机器人又可以为水下观光提供保障。

潜水器是以水下为主要活动场所的水下交通工具,水下潜水器具有广泛的用途,既可用于军事领域也可用于民用领域。民用领域主要应用于水下捕获水生物及水下观光体验、科学考察等。

观光型潜水器是一种可以将游客载入水下世界并进行观光旅游的设备。按照允许的最大载客量通常可以分为载客量为 50 人以上的大型观光潜水器、载客量为 10~40 人的中型观光潜水器、载客量为 10 人以下的小型观光潜水器,以及载客量为 2~3 人的微型观光潜水器等;按照允许的最大潜水深度又可以分为最大潜水深度超过 1 000 m 的深潜型观光潜水器、潜水深度为 10~50 m 的浅水型观光潜水器、潜水深度为 1~2 m 的半潜式观光潜水器等。由于各种鱼类及水生物栖息繁殖的最佳环境为水下 10~50 m,因此现有的观光潜水器大多设计为最大潜水深度为 50 m 的浅水型观光潜水器,因为在这一深度上,阳光所提供的照明条件较好,海水能见度也比较高,是游客进行水下观光旅游的"理想场所"。

观光潜水器的设计是非常复杂的,因为它包含机械、电子、流体、自动化、水声等多学科知识。从结构设计角度来说,不仅要保证潜水器下潜及水下相关工作时的结构强度要求,还要考虑观光潜水器的设计主旨,即满足游客观光体验需求。从动力系统角度来说,要在提供充足稳定的动力前提下,最大限度地提高推进效率。从控制系统来说,要设计合理的潜水器姿态控制方案,保证潜水器在水下行进时的稳定性及在遇到水浪时保证自身姿态的稳定。从操纵平台来说,不仅要给驾驶员提供舒适的操控环境及简单的操控方法,更要保证驾驶员及游客的安全。因此,在观光潜水器大量开发使用的情况下,好的设计既结构简单又能使游客获得良好的观光体验、推进效率高、成本低,且能在湖泊等浅水区域应用的观光潜水器是具有实际应用价值的。同样,进行微型水下观光机器人的相关技术研究,对水下旅游行业和观光潜水器的大范围推广有着重大意义。

4.2 微型水下观光机器人的 国内外发展现状

微型水下观光机器人的研发可以借鉴国内外具有代表性的微型水下观光潜水器,如图4-1所示。到目前为止,世界各国已经建造了近百余艘观光潜水器,并且投入了商业运营,绝大部分观光潜水器已经商业化并作为商品销售。如我国引进的由芬兰潜水器制造公司研制的"美人鱼"号观光潜水器,全长18.6 m,净重106 t,可载46人,最大潜水深度可达水下75 m;由美国公司研发的ALANTIS系列观光潜水器,可搭载44名乘客和2名工作人员;荷兰沃克斯潜水器公司(U – Boat Worx)的"C – quester"微型潜水器,可搭载1名驾驶员及3名游客,航行速度为2 kn,最大潜水深度为100 m;其中,比较出色的是Hawkes海洋技术公司,公司以"水下飞行"为设计理念,研发出Deep Flight、Deep Flight Super Falcon等系列微型载人潜水器,可用于海底观光、探测及救援等工作。

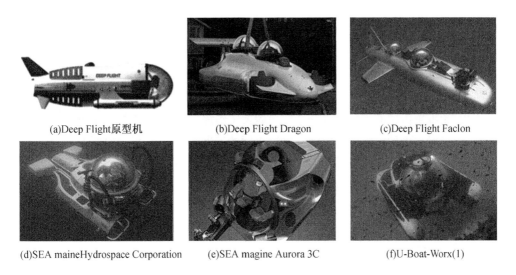

(a)Deep Flight原型机　　(b)Deep Flight Dragon　　(c)Deep Flight Faclon

(d)SEA maineHydrospace Corporation　　(e)SEA magine Aurora 3C　　(f)U-Boat-Worx(1)

图4-1　国内外具有代表性的观光潜水器

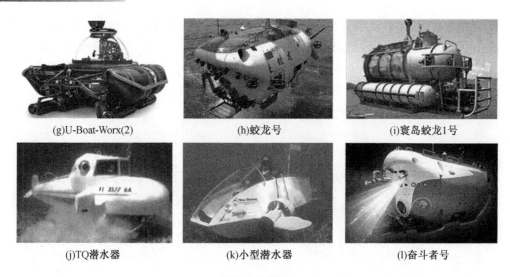

(g)U-Boat-Worx(2)　　　　　(h)蛟龙号　　　　　(i)寰岛蛟龙1号

(j)TQ潜水器　　　　　(k)小型潜水器　　　　　(l)奋斗者号

图 4 - 1(续)

国外比较著名的民用观光潜水器公司有美国的 Deep Flight 公司和意大利的 GSE Trieste。Deep Flight Dragon 是 Deep Flight 公司的第一代产品,最大潜水深度为 120 m,它可以在这种深度下持续工作 6 h,它的外观建造精致,长度为 5 m,宽度为 1.9 m,高度为 1.1 m,大小适中,适合放置在车库里面。作为低噪声的深潜潜艇,其生态互动性很棒。缺点是只可以供一个旅客乘坐,因为它需要专门的驾驶员来操控潜水器。其动力系统由 6 个独立推进器组成,垂直方向布置的 4 个推进器可实现 Deep Flight Dragon 的垂直下潜运动。由于 Deep Flight Dragon 是正浮力的观光潜水器,即便是可以通过其机体前后两部分尾翼的形状及尾部两个水平推进器来帮助其下潜,但也需要足够的动力来使其快速运动。Deep Flight Dragon 的供氧系统及动力系统在其整体外壳内部布置,因此其内部空间的大小限制了续航时间。Deep Flight Faclon 为 Deep Flight 公司的新一代产品,作为更新后的产品,与前一代相比在很多方面均做出了改善。它增加了一个可承载游客的位置,动力电机数量明显减少,因此推进效率显著提高;整体变窄,增加了双翼结构,具有更好的整流导向能力。其最大潜水深度为 100 m,总长度为 7.6 m,宽度为 3.3 m,高度 1.6 m,续航时间长达 8 h;其动力系统由 3 个独立推进器组成,主推进由尾部内的推进器及转向舵系统组成,两侧的两个辅助推进器有一个旋转自由度,可以通过二者的方向变换协助完成潜水器的下潜及前进运动。相比较第一代产品,其推进效率显著提高,因此整机机体所需动力系统提供的能源降低;机体更加细长,结构优化使其前进运动减阻效果较第一代更加明显;并且可以使两个旅客共同乘坐。

U - Boat - Worx 公司研制的 Exolorer - 2 号微型载人潜水器,最大工作深度为 100 m,续航 12 h。通过结构特点可以得知其在水下航行阻力大,但是由于两侧配备了气囊,因此对于整机来说其平稳性更好,为旅游观光型机器人的稳定性设计提供借鉴。

国内潜水器功能最强大的莫过于"蛟龙号"了,它用于国家的深水科考、探索等水下作业,是主要针对深水科研而研发的深水潜水器。针对民用观光,我国在"蛟龙号"的基础上设计了一款观光型潜水器。"寰岛蛟龙 1 号",作为"蛟龙"家族的第一个"孩子",它是由我国自主设计建造完成的。这款观光潜水器最大下潜深度达 40 m(强度设计许用值为 90 m),可搭载 9 名乘员,总长度为 7.9 m、总宽度为 3.6 m、总高度为 4.4 m,配备供电系统、浮力调节系统、生命支持系统、空调温控系统、先进的导航控制系统等。观察窗也是采用近乎全透明的材料,由于搭载人数多,因此使用的是圆柱体结合半球体端部的结构。"寰岛蛟龙1号"的供电系统舱室与其整体长度相近且同样设计为圆柱体结合半球体端部的结构,舱室足够大,可以为其提供足够的动力及续航能力;顶部设计了单吊点,用于起吊整机。

4.3 微型水下观光机器人的结构设计

微型水下观光机器人完全可以参照载人潜水器来设计,设备的机械结构作为乘客和潜水器相关设备的载体,不仅要求具有足够的强度和可靠的密封性以保证人员的安全,还需要合理的设计及配重才能实现微型水下观光机器人的水下作业。微型水下观光机器人对水下航行速度要求不高,特点是可以给乘客带来更好的观光体验。按照设计参数对本章载人观光潜水器进行整体结构设计,并对部分关键部件进行详细说明,根据水下密封要求,使用有限元法对密封舱室接触密封、舱盖接触密封两部分进行密封分析。依据机械结构强度要求,对密封舱室强度、骨架强度等进行有限元结构静力分析。

4.3.1 微型水下观光机器人的设计指标

考虑微型水下观光机器人水下作业工作特点,从总质量、尺寸、核载、续航等方面给出各项指标要求,具体参数如表4-1所示。由于微型水下观光机器人上要搭载其他的功能性组件或模块,所以对微型水下观光机器人提出了相关的设计与技术要求,具体如下:

(1)以观光体验作为设计的出发点,最大限度地提高旅客的观光体验;

(2)能够稳定地搭载乘客进行水下航行,并为驾驶员及乘客提供可靠的保障;

(3)结构设计应满足其工作载荷下的强度要求;

(4)设计应考虑应急求生系统,保证出现意外情况时的安全性。

表4-1 观光机器人技术指标要求

技术要求	设计参数
总质量/kg	4 500
总尺寸/m	4.2×3.2×2.4
最多核载人数	3
续航时间/h	10
工作深度/m	50
下潜速度/kn	1
直航速度/kn	3

4.3.2　微型水下观光机器人的结构设计

图4-2为微型水下观光机器人总体结构图。设计微型水下观光机器人的结构主要包含三部分:舱室壳体结构、骨架结构及其他功能组件结构。舱室壳体结构包含全透光舱室、舱室口盖、舱室内部支撑骨架、舱室内部逃生装置及舱室内饰等。骨架结构包含主体支撑骨架、壳体连接骨架、设备挂载骨架、舱盖连接骨架及其他设备挂载骨架等。其他功能组件包含动力电池舱室、气囊舱室、供氧系统、推进器系统、潜水器云台、水下照明设备及求生投放信标等。具体设计零部件包括:气囊1;垂向推进器2;气囊舱室3;设备舱室挂载骨架4;主体纵向骨架(右)5;人员座椅6;潜水器舱内操控台7;舱内照明设备8;载人舱室上半球壳9;舱室口盖10;人梯11;舱盖连接骨架12;求生信标13;云台14;水平推进器15;主体横向骨架(后)16;吊环17;动力电池组18;环流风扇固定板19;动力电池舱室密封端20;主体纵向骨架(左)21;气囊舱室固定板22;载人舱室下半球壳23;壳体骨架连接板24;前保险25;供氧设备26;主体横向骨架(前)27;水下照明设备28;壳体连接骨架29;动力电池设备舱室30。

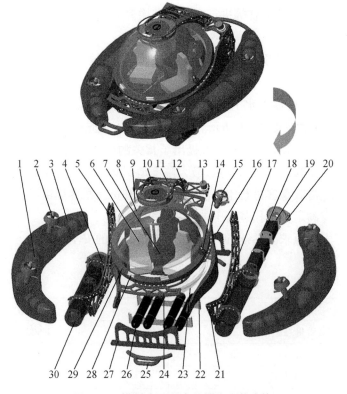

图4-2　微型水下观光机器人总体方案

1.舱室壳体结构设计

对于微型浅水区的水下观光机器人,排水量小、储备浮力小、水下航速快,因此选取单壳体结构进行设计即可达到设计要求,而且结构简单、造价比较低,这样也可以简化后续的骨架设计。

微型水下观光机器人壳体功能要求可概括为壳体作为水下运行承受深水压力的主要部件，要具有足够的强度，以保证舱室内部驾驶员及乘客的安全。壳体内部舱室作为浮力的主要提供者，要保证其密闭性，同时为舱室内部人员提供必要的呼吸条件。对于观光型水下机器人，要给游客更好的观光体验，为乘客提供足够的视野。目前国内外潜水器的主流设计是以金属外壳为主要承受水压部分，而游客的观察窗口设计透明材料，分为球形观察窗及平面观察窗。这样设计的好处是，以金属壳体作为主体的潜水器安全性可以得到很好保障，但是游客的水下观光视野较小，而且舱室内部的活动空间也较狭窄，这样游客的舒适性及观光体验均较差。

下面介绍一种微型水下观光机器人的舱室壳体结构设计，它的设计方法是将其观察窗与舱室壳体设计为一体结构，使用透明的亚克力材料作为壳体材料，既充当舱室主体承压结构，又可以使游客具有开阔的视野，最大限度地提升乘客的观光体验。表4-2给出了有机玻璃的相关材料性能参数，为后续结构静力分析计算提供依据。载客量为3人，在考虑设备安装位置及尺寸的前提下，选取壳体球壳内径为2 m。在水下静止或匀速航行时，其舱室外部受力主要为静水压力。

表4-2 亚克力材料性能参数

物理参数	弹性模量 E /MPa	泊松比 υ	屈服强度 /MPa	抗拉强度 /MPa	密度 /g·cm^{-3}
数值	3 300	0.37	108	120	1.19

取舱室过球壳形心的垂直平面作为分析对象。因球壳表面各处所受静水压力不同，可以将作用于球壳表面的静水压力 P 分为两部分，分别为参考水压 P_1（球壳中心水平面处）和随球壳垂直方向尺寸变化产生的压力变化量 P_2，表示为

$$P = P_1 + P_2 = \rho g H + \rho g R \cos \alpha \tag{4-1}$$

式中 ρ——海水密度，kg/m^3；

g——重力加速度，$g = 9.8$ m/s^2；

H——潜水器下潜深度，m；

R——球壳外径，m；

α——压力方向与球壳体心处水平面的夹角。

对于球壳结构来说，P_1 均载至球壳表面，可以视为自平衡力。因此 P_1 只产生均匀的压应力，无附加弯曲应力。对于 P_2 来说，作用于球壳表面，产生的是单位长度垂直向上的合力，表示为

$$P_2 = \int_0^{2\pi} P_2 R \cos \alpha \, \mathrm{d}\alpha = \rho g \pi R^2 \tag{4-2}$$

考虑舱室位于水下还会受到骨架和相关设备的重力 P_3，仍然取截面处分析，可以得到单位长度上壳体所受剪应力差值为 $P_4 = P_2 - P_3$，由 P_4 在截面上产生的剪应力 τ 表示为

$$\tau = \frac{P_4 S}{2Ih} = \frac{P_4 \times 2\int_0^\alpha R\cos\alpha Rh\mathrm{d}\alpha}{2\pi R^3 h^2} = \frac{P_4 \sin\alpha}{\pi Rh} \qquad (4-3)$$

式中 S——角度对应部分对中轴的静面矩,m^4;

　　　　I——截面相对于中轴的惯性矩,m^4;

　　　　h——球壳厚度,m。

取舱室球壳内外压强分别为 P_a 和 P_b,应力分布呈现对称分布状态,厚度为 $h = b - a$。可以得到正应力及切向应力表达式:

$$\begin{cases} \sigma_p = \dfrac{A}{\rho^2} + B(1 + 2\ln\rho) + 2C \\[2mm] \sigma_\varphi = -\dfrac{A}{\rho^2} + B(3 + 2\ln\rho) + 2C \\[2mm] \tau_{\rho\varphi} = \tau_{\varphi\rho} = 0 \end{cases} \qquad (4-4)$$

其中 A、B、C 为待解量。由于球壳结构为中心对称,可以得到如下边界条件:

$$\begin{cases} (\tau_{\rho\varphi})_{p=a} = 0, (\tau_{\rho\varphi})_{p=b} = 0 \\[2mm] (\sigma_\rho)_{p=a} = -P_a, (\sigma_\rho)_{p=b} = -P_b \\[2mm] \dfrac{A}{a^2} + B(1 + 2\ln a) + 2C = -P_a \\[2mm] \dfrac{A}{b^2} + B(1 + 2\ln b) + 2C = -P_b \end{cases} \qquad (4-5)$$

式(4-5)为超静定方程,无法确定所有未知量的值。因此需要引入位移单值条件进行求解,如式(4-6)所示:

$$\begin{cases} u_p = \dfrac{1}{E}\Big[-(1+\mu)\dfrac{A}{\rho} + 2(1-\mu)B\rho(\ln\rho - 1) + (1-3\mu)B\rho + 2(1-\mu)C\rho \Big] + I\cos\varphi + K\sin\varphi \\[2mm] u_\varphi = \dfrac{4B\rho\varphi}{E} + H\rho - I\sin\varphi + K\cos\varphi \end{cases}$$

$$(4-6)$$

由位移 u_φ 可以看到,在 ρ 取定值时,圆形截面 $\varphi = \varphi_1$ 与 $\varphi = \varphi_1 + 2\pi$ 对应同一点,位移 u_φ 应相等,故有:

$$\frac{4B\rho\varphi_1}{E} = \frac{4B\rho\varphi_2}{E} \qquad (4-7)$$

从式(4-7)中可以看出,只有当常量 $B = 0$ 时,才满足式(4-7)。将 B 代入式(4-5)中可以得到 A、C 的表达式:

$$\begin{cases} A = \dfrac{a^2 b^2 (P_b - P_a)}{b^2 - a^2} \\[3mm] C = \dfrac{1}{2} \dfrac{P_a a^2 - P_b b^2}{b^2 - a^2} \end{cases} \qquad (4-8)$$

将式(4-8)代入式(4-4)中整理可得

$$
\begin{cases}
\sigma_p = -\dfrac{\dfrac{b^2}{\rho^2}-1}{\dfrac{b^2}{a^2}-1}P_a - \dfrac{1-\dfrac{a^2}{\rho^2}}{1-\dfrac{a^2}{b^2}}P_b \\[4mm]
\sigma_\varphi = \dfrac{\dfrac{b^2}{\rho^2}+1}{\dfrac{b^2}{a^2}-1}P_a - \dfrac{1+\dfrac{a^2}{\rho^2}}{1-\dfrac{a^2}{b^2}}P_b
\end{cases}
\tag{4-9}
$$

根据设计指标最大工作深度为 50 m,选取设计深度为 75 m 进行球壳厚度计算,即 $P_b =$ 7.5 MPa,$P_a = 0.75$ MPa(P_a 为舱室内一个大气压),使用亚克力材料的相关性能参数,使用应力法将相关参数代入式(4-9)得到球壳厚度为 15.6 mm,根据中国船级社《潜水系统和潜水器入籍规范》(2018)选取海况安全系数为 3,得到安全厚度为 46.8 mm,圆整为 $h = 50$ mm。

2. 舱室结构有限元分析

通过舱室结构的静力学分析,可以得到结构的刚度、强度等技术指标。使用 ANSYS Workbench 静力分析模块进行结构静力分析,可以得到有限元的计算结果,然后进行强度和刚度的对比分析。如图 4-3 和图 4-4 所示,分析过程是:首先通过 Creo 事先建立的三维模型导入 Static Structural 模块中,形成几何模型;然后进行有限元网格划分;最后是环境加载,计算获得结果。

有限元分析过程网格划分尤为关键。划分稀疏会使网格精度不足,每个网格计算误差较大,导致最终计算结果偏差大;划分过密会使网格精度太高而导致计算量过大,单个网格的计算误差积累较多,也容易导致最终计算结果偏差大。因此,选取合适的网格划分方法可使结果更加接近实际工况,且计算精度更容易保证。选取基本单元质量评价标准 Skewness 作为评定指标来衡量网格划分的质量,其数值与划分质量如表 4-3 所示。

表 4-3 Skewness 标准

倾斜度	0	0~0.25	0.25~0.5	0.5~0.75	0.75~0.9	0.9~1
质量	等边	优秀	好	可接受	次等	差

潜水器位于水下时,舱室要保证具有足够的强度和密封性。其在水下受力情况为作用于下球壳的舱室内部设备及人员等的重力、舱室外部静水压力、浮力和两球壳连接法兰的压紧力。密封方式为 O 形圈密封。对于舱室上下球壳间的密封,由于球壳直径较大,O 形圈外径超出国标标准,属于非标准密封。舱盖密封为非平面接触密封,沟槽尺寸为非标准尺寸,需进行接触密封分析。

取舱室、舱盖装配结构,进行结构简化后导入 Workbench 静力分析模块。O 形圈设置为超弹性材料,选取 8 节点的六面体单元类型,并进行网格划分,网格划分质量评定指标 skewness = 0.224 11(由表 4-3 可知网格划分质量优秀),满足网格划分质量要求。设置位移及载荷步数为 3 步:第一步法兰压紧上下球壳(通过控制位移量实现),球壳压紧密封 O 形圈;第二步舱盖通过螺栓压紧力(通过控制位移量实现)压紧舱盖密封 O 形圈;第三步测试静水压力(设计深度 75 m,压强值 0.75 MPa)及舱室内部设备和人员的重力。

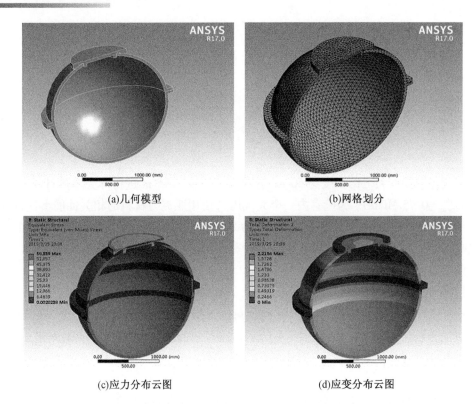

(a)几何模型 (b)网格划分

(c)应力分布云图 (d)应变分布云图

图4-3 舱室结构强度有限元分析

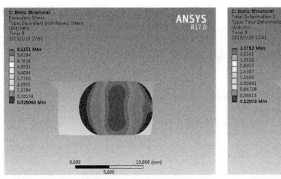 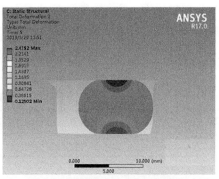

(a)球壳连接接触应力分布云图 (b)球壳连接接触应变分布云图

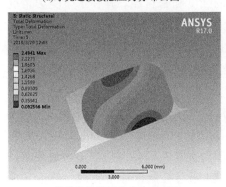 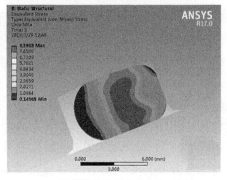

(c)舱盖连接接触应力分布云图 (d)舱盖连接接触应变分布云图

图4-4 舱体密封接触密封分析

设置完成进行计算并得到整体的应力及应变云图。比较分析计算结果的应力值和材料屈服应力,结果表明:舱室应力主要集中在舱盖连接处,最大值为58.339 MPa 即

$$[\sigma] < [\sigma_s] \tag{4-10}$$

满足强度要求,舱室结构设计是可靠的。考虑了O形圈密封的加载,取第一步和第二步结束时O形圈横截面状态为输出结果,分别显示两部分O形圈的应力及应变云图。由输出结果可以看出:上下球壳间的密封O形圈,其接触应力达到6.115 1 MPa,大于设计深度75 m海况的静水压力(0.75 MPa)。舱盖连接处密封O形圈,沟槽上下平面接触应力不同,分别为8.598 3 MPa 和7.659 6 MPa,均大于设计深度75 m海况的静水压力(0.75 MPa)。因此,满足水下密封需要,密封可靠。

通过以上计算与分析,可知舱室满足强度、刚度、密封等技术要求。

3. 骨架结构设计

根据微型水下观光机器人工况设计其骨架系统结构。其结构主要包括:主体纵向骨架、主体横向骨架、壳体连接骨架、口盖连接骨架、设备舱室连接骨架。主体纵向、横向骨架及壳体连接结构根据主球壳结构确定,口盖连接骨架基于口盖结构设计确定,设备舱室连接骨架基于设备舱室的结构确定。并通过设计要求对各部分间的连接结构进行设计,确定整体骨架、壳体、设备舱室、口盖等结构的装配设计方案。

对于微型水下观光机器人骨架所使用的材料,在满足强度要求的前提下须考虑其材料的耐腐蚀特性,金属材料及其特点如表4-4所示。

表4-4 耐海水腐蚀材料

材料名称	特点
海军铜	成分70% Cu、29% Zn、1% Sn,耐腐性能较好,强度低
不锈钢	含碳钢,强度高,耐腐性能好(如304、316 等)
钛合金	强度最高,耐腐性能最好,不易加工,成本高

钛合金虽然强度及耐腐蚀性均非常优秀,但是其强度过高导致加工困难,且成本过高。因此,选取不锈钢作为微型水下观光机器人骨架材料。常用于防腐工况的不锈钢材料有304L 不锈钢、316L 不锈钢。316L 不锈钢的 Ni 含量高,防锈性能好,而且 316L 含 Mo,耐酸碱腐蚀性更好,当钢材表面出现裂痕时,304L 不锈钢在海水下更易腐蚀。综上考虑,选用316L 不锈钢作为骨架材料,其材料特性见表4-5。微型水下观光机器人主体骨架结构设计可为双层钢板式,双板间通过多个空心内螺纹钢柱支撑,两端使用螺栓进行连接。这样不论双板承受轴向拉力还是横向剪力,均可以通过两个螺栓承担,其连接强度更容易受到保证。双层板可通过多个钢柱承担轴向压力,而且主体骨架使用双层板,横、纵向主体骨架间可以通过其双层板结构的内侧钢板进行连接,横向主体骨架主要负责连接两侧纵向主体骨架并承担壳体系统的重力,纵向主体骨架内侧板与横向主体骨架连接,外侧板主要用于挂载设备,承受设备的重力,为外部各设备、动力电池舱室等提供连接条件。

表 4 – 5 316L 不锈钢材料性能参数

物理参数	屈服强度/MPa	抗拉强度/MPa	密度/g·cm³
数值	170	485	7.98

4. 骨架结构静力分析

下面给出起吊工况有限元分析过程及有限元计算过程和结果(如图 4 – 5 所示)。网格划分质量评定指标 skewness = 0.318 12(由表 4 – 3 可知网格划分质量好),满足网格划分质量要求。加载及约束贴近真实工况,力加载方式选择 Remote force,通过选取各部分重心点位置及加载面的选取进行载荷的添加。从应变及应力云图可以得到主体骨架起吊工况时,结构应力主要集中在纵向主体骨架双层板间吊点附近,应力最大值为 100.48 MPa,设备挂载骨架与主体纵向骨架连接处有微小应力集中,应力值为 66.987 MPa。应变较大处位于设备连接骨架外端部及壳体连接骨架,最大应变量为 0.250 4 mm。综上分析可以得出,骨架所受应力小于材料屈服强度,应变量对主体骨架结构的刚度影响小。因此,主体骨架的强度和刚度均满足设计要求。

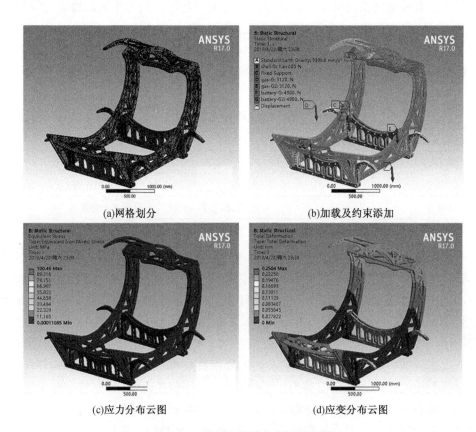

(a)网格划分   (b)加载及约束添加

(c)应力分布云图   (d)应变分布云图

图 4 – 5 骨架起吊静力有限元计算

接下来进行骨架系统结构动力特性及疲劳分析,着重于研究结构对于动载荷的响应,该响应包括阻频率、模态、振动等。与静力学的主要区别在于它要考虑结构因振动而产生的惯性力及阻尼力。结构动力学认为在外加动载荷的作用下,结构会发生振动。因此,分析结构动力学特性,以便于确定其在受到动载荷、冲击载荷、(非)简谐载荷、任意动载荷等载荷作用时,结构所具有的动载荷承载能力及结构的安全性与稳定性,也可以作为改善结构性能的依据。

考虑水下行进是推进器的推力,在其运行过程中,推进器作用于骨架瞬态表现为动载荷,水下液体阻力会产生冲击载荷及振动载荷;因此在保证骨架系统静力学满足强度、刚度等要求的前提下,还需要进行骨架系统的动力学分析,通过对动力学分析的基础方法模态分析得到骨架系统结构的固有频率及振型,在此基础上进行骨架系统结构的谐响应分析等结构动力学特性分析。将三维模型导入 ANSYS Workbench 后,分别进行骨架系统结构模态、谐响应及随机振动的有限元分析。如图 4−6 为骨架动力学特性有限元分析 Workbench流程。

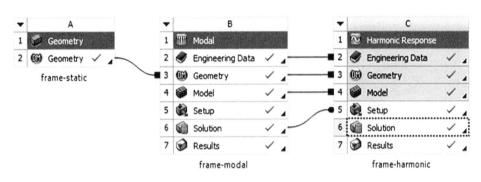

图 4−6 动力特性分析流程

5.骨架结构模态分析

模态是机械结构的固有振动特性,系统的自由振动可以被解为 N 个正交的单自由度振动系统,这些自由度分别对应系统的 N 个模态。系统的每一个模态都具有特定的频率、阻尼比和模态。模态分析(modal analisis)也被称为自由振动分析,它是研究结构动力特性的近代方法。通过模态分析,可以知道某一特定结构物在其易受影响的频率范围内的各阶模态特性,从而可以预测结构在此频段内、外振动源对其本身结构产生的实际振动响应。

进行模态分析之前,必须准确输入所分析结构的材料机械性能参数,如材料密度、材料杨氏弹性模量、泊松比等。网格划分及约束与载荷的添加与静力学分析时的设置一致。使用 Workbench 中 Modal(模态)模块进行结构模态分析。

由于在结构模态分析中,外部的激励通常处于低频范围内,因此高阶的模态对于整个系统模态分析来说贡献较小。骨架系统结构模态分析频率选取在 0~500 Hz 范围内。通过分析可以得到结构前六阶固有频率及振动。固有频率见表 4−6,振型图如图 4−7 所示。

表 4−6 前六阶固有频率

阶数/n	1	2	3	4	5	6
频率/Hz	11.613	18.91	52.618	53.796	62.586	66.513

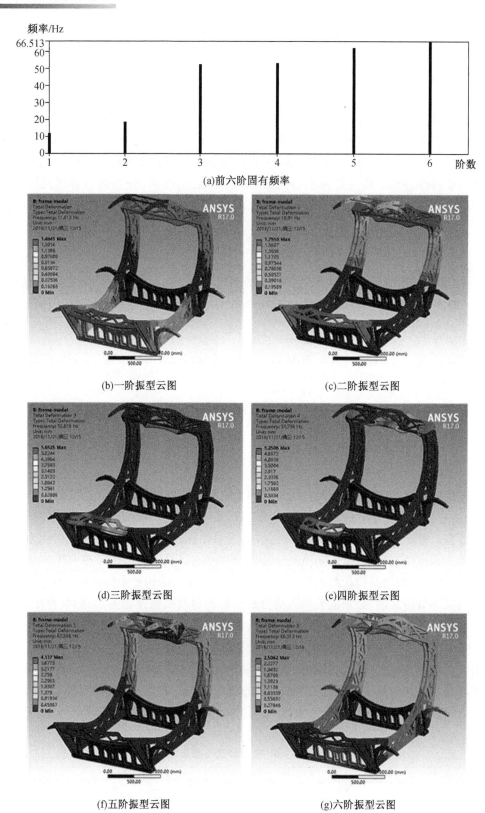

(a)前六阶固有频率

(b)一阶振型云图

(c)二阶振型云图

(d)三阶振型云图

(e)四阶振型云图

(f)五阶振型云图

(g)六阶振型云图

图 4 - 7　骨架系统结构前六阶振型云图

通过骨架系统结构模态的分析结果可以得到其前六阶振型,由图4-7可知:

(1)第一阶模态振型中,主体骨架前侧壳体骨架连接板是发生振动的主要结构,前侧横向主体骨架及纵向主体骨架的前端也有明显的振动现象。前侧壳体骨架连接板为最大位移处,且位移沿 z 轴方向,其最大位移量为 1.464 1 mm。

(2)第二阶模态振型中,口盖连接骨架是发生振动的主要结构,并且纵向主体骨架的后端也有明显振动现象。口盖连接骨架与主体骨架的连接板沿 y 轴方向的位移量最大,大小为 1.755 8 mm。

(3)第三阶模态振型中,主体骨架前侧壳体骨架连接板是发生振动的主要结构,应变主要集中在其板体中间位置,且具有明显沿着 y 轴方向的振动,最大应变量为 5.652 5 mm。

(4)第四阶模态振型中,发生振动的主要部分为主体骨架后侧壳体骨架连接板,与第三阶模态振型相似,应变主要集中在其板体中间的位置,发生了沿 y 轴方向的振动,最大应变量为 5.250 6 mm。

(5)第五阶模态振型中,口盖连接骨架的外伸梁结构发生主要振动,位置集中在外伸梁的中段,且沿 z 轴方向应变量最大,大小为 4.137 mm。

(6)第六阶模态振型中,主体纵向骨架后端及口盖连接骨架的整体均有明显的 y 轴方向的振动,最大应变发生在前侧壳体骨架连接板中段,大小为 2.506 2 mm。

通过骨架结构模态的前六阶振型分析可以得到,骨架结构于口盖连接骨架与壳体连接骨架的刚度存在变化不均匀的现象。由于推进器一般布置在整机的后侧及周围,而非六阶振型分析得到的刚度缺陷部位,因此对于整体骨架来说,其结构刚度较好,且对水下行进时推进器的影响较小。

为了避免其运动时频率与骨架发生共振,可以通过以下方法得到改善:

(1)推进器产生的推力反作用于骨架系统属于动载荷,通过合理调节推进器转速(频率)来避免共振现象的发生。

(2)通过加厚口盖连接骨架、壳体骨架连接板板体的厚度,局部加厚或局部减薄,来改变骨架结构的固有频率。此外,也可以通过改变各个连接板板体周围曲边的线条来提高其结构刚度,从而改变固有频率。

6. 骨架结构谐响应分析

谐响应分析是用来确定线形结构在承受持续的周期载荷时的周期性响应(谐响应)。分析过程中,不考虑结构在激振源开始时的瞬态响应,只计算结构受稳态振动的响应。谐响应分析可以计算出结构在多种频率下的响应值(如应力、位移等),因此可以通过谐响应分析预测结构的持续动力学特性,并通过其来验证结构是否可以克服由振动带来的破坏(如共振、疲劳等)。

在水下运行时的主推进器,布置在骨架系统的后侧。在其工作时,推进器以不同转速为主机体提供前进的推进力,在此过程中会产生多种不同频率的载荷,即变载荷。而且由这些载荷作用产生的振动不仅会作用于骨架系统,还会作用于骨架系统中其他连接件。因此,对骨架系统结构进行谐响应分析,根据其各部分的响应特性来保证骨架系统结构免受共振、疲劳等破坏。使用 Workbench 中的 Harmonic Response(谐响应)模块进行骨架结构谐响应分析。由结构振动理论可知,低阶模态对于结构振动起主要作用,而高阶模态的作用较小且衰减快,所以振动频率选取频率范围与模态分析时一样,为 0~500 Hz;步长设置为 10 Hz。约束设置与模态分析时一致,载荷为推进器推进力,设置其作用于纵向骨架后端,分别进行纵向主体骨架、横向主体骨架及二者连接结构的频率响应分析。

(1)纵向主体骨架频率响应

取纵向主体骨架的后端作为推进器施加推力的作用面,对其进行位移、加速度及应力的频率响应分析,响应图如图4-8所示。由分析结果可知,纵向主体骨架受低频激振源的影响较大,受高频激振源的影响较小。位移及加速度频率响应结合模态分析可知,随着激振源频率逐渐升高,在激振频率接近第三阶、第五阶及第六阶固有频率时,对于受激振源直接影响的作用面,其位移及加速度响应产生突变,在接近第六阶固有频率时(70 Hz),位移、加速度响应达到峰值。而应力响应在频率接近第六阶固有频率时达到峰值(70 Hz),位移响应幅值为 $1.355\ 3 \times 10^{-1}$ mm,加速度响应幅值为 $2.621\ 8 \times 10^{-4}$ mm/s^2,应力响应幅值为 $3.121\ 6 \times 10^{-2}$ MPa。

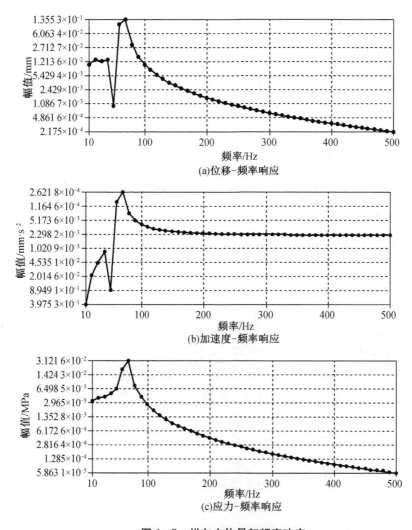

图 4-8 纵向主体骨架频率响应

（2）横向主体骨架频率响应

由于振动对于整体骨架系统均有影响，不只限于振源的直接作用面，因此取横向主体骨架纵向截面为分析对象，对其进行位移、加速度及应力的频率响应分析。响应图如图4－9所示，由分析结果可知，与纵向主体骨架频率响应类似，横向主体骨架受低频激振源的影响较大。位移、加速度及应力频率响应结合前文模态分析可知，随着激振源频率逐渐升高，在激振频率接近第六阶固有频率时（70 Hz），位移、加速度及应力响应均达到峰值。位移响应幅值为$1.171\,1 \times 10^{-3}$ mm，加速度响应幅值为$2.265\,4 \times 10^{2}$ mm/s^2，应力响应幅值为$3.131\,6 \times 10^{-2}$ MPa。

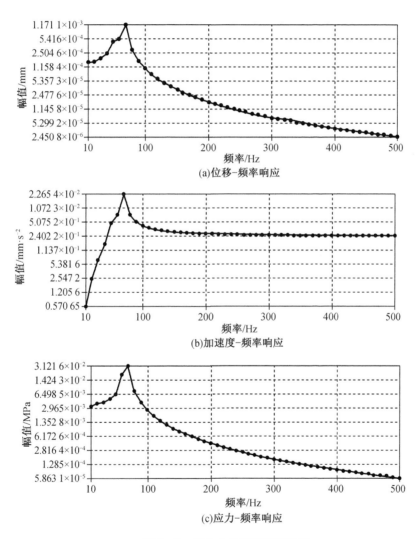

图4－9　横向主体骨架频率响应

（3）主体骨架连接结构频率响应

先对主体两部分骨架连接部件结构进行分析，取连接结构为分析对象，对其进行其位移、加速度及应力的频率响应分析，响应图如图4－10所示。由分析结果可知，主体骨架连接结构受低频激振源的影响较大，位移、加速度及应力频率响应结合前文模态分析可知，随着激振源频率逐渐升高,在激振频率接近第六阶固有频率时(70 Hz),位移、加速度及应力响应均达到峰值。位移响应幅值为 1.556×10^{-3} mm,加速度响应幅值为 301.01,应力响应幅值为 $9.421\ 2 \times 10^{-2}$ MPa。

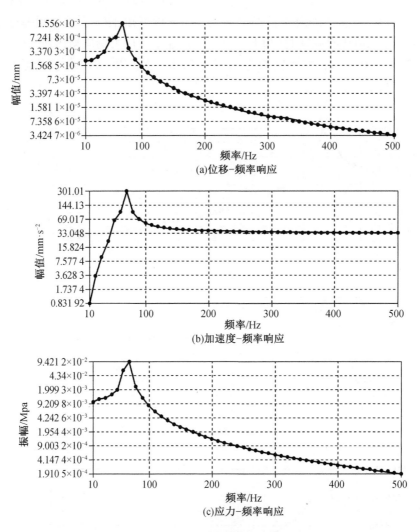

(a)位移-频率响应

(b)加速度-频率响应

(c)应力-频率响应

图 4 – 10　主体骨架连接结构频率响应

　　综上分析,在载荷激励下,骨架结构在激振频率接近第六阶固有频率时,其位移、加速度及应力响应出现峰值;激振源频率在第六阶固有频率附近时,振动剧烈。因此,提取激振源频率为 70 Hz 时的骨架结构应力、应变图,如图 4 – 11 所示。由应变及应力图可以得到:在骨架结构的激振源频率为 70 Hz 附近时,其应力集中部分位于口盖连接骨架的底座,应力最大值为 94.187 MPa;应变最大部分位于口盖与主体骨架的连接板,最大应变量位于连接板板体中间位置,应变量最大值为 0.546 06 mm。从整体结构受简谐载荷作用时的各部分响应分析可以看出,整体结构受简谐载荷频率影响较小,在振动最明显的频率下,其应力小于材料的屈服强度,而且应变小。因此,骨架结构在设定的低频范围内,振动影响有限。

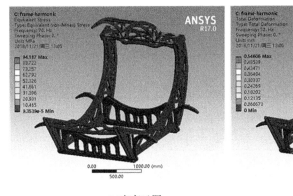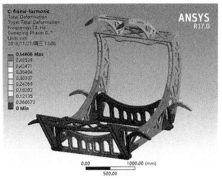

(a)应变云图　　　　　　　　　　　(b)应力云图

图 4 – 11　激振源频率为 750 Hz 时的骨架结构应力、应变图

7.骨架结构疲劳分析

对于机械设备,在工作时其结构强度会受到变载荷、振动等复杂因素的影响,这些复杂因素的存在导致了结构失效的可能性增大。而对于承受变载荷的机械结构,疲劳失效也是其中一种常见的结构失效形式。对于船舶类结构设计,其在水下受力情况更加复杂,是一个复杂的综合分析过程,水下潜水器在行进过程中所受的交变载荷就更多,也更容易发生疲劳破坏。因此疲劳分析也作为其结构设计要考虑的必要环节。静力破坏是局部应力超过材料所能承受的强度极限,而疲劳破坏不同于静力破坏,往往疲劳发生在应力远小于强度极限且局部存在高应力的区域。

骨架材料选取为钢材,虽然钢结构在强度、刚度等方面特性优越,在许多行业得到了广泛的应用,但是,在各种变载荷及随机载荷的作用下,钢材依旧会发生疲劳破坏。

使用 Workbench 中 Fatigue 工具进行疲劳分析。使用 Fatigue 工具分析前需调用静力分析结果,因此骨架系统结构所受载荷及约束设定与静力分析时设置一致。对于寿命分析,首先需要知道使用材料的材料疲劳曲线,即 $\sigma - N$ 曲线。曲线材料在等幅交变应力作用下,不同最大变应力引起时间疲劳破坏所经历的应力循环次数为 N。通常认为机器使用寿命期间应力变化次数小于 10^3 时,使用静应力强度设计,又称为低周疲劳。选择受力及应力循环次数关系属于 $\sigma - N$ 曲线的有限寿命阶段。选取设计寿命为应力循环次数为 10^6 次。提取材料寿命曲线对数显示图如图 4 – 12 所示:

疲劳分析设置载荷加载方式为脉动循环变应力。设置完成进行疲劳分析计算可以得到图 4 – 13 及图 4 – 14 所示的疲劳分析结果。

$$Damage = \frac{Life_{Design}}{Life_{Available}} \qquad (4-11)$$

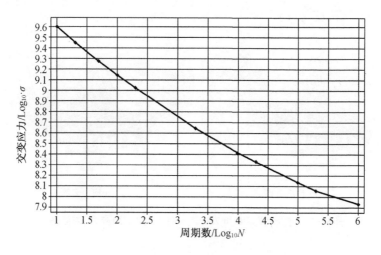

图 4 – 12 $\sigma - N$ 曲线对数显示图

由损伤云图结果可以得到,损伤系数最小值为 0.1,损伤最大部位为口盖连接骨架与主体骨架的连接板,损伤系数最大值为 0.950 08。损伤系数为设计寿命与实际可用寿命的比,如式(4 – 11)所示。即 $Damage < 1$,满足设计要求。由使用寿命云图所示,使用寿命最高为设计寿命 10^6 次,寿命最低处与损伤系数最大处相同,最低使用寿命为 $9.472\ 9 \times 10^5$ 次。

由图 4 – 14(a)等效交变应力云图可知,骨架结构最大等效交变应力部位与寿命最低处、交变应力最大处及损伤系数最大处相同,最大值为 87.015 MPa。由 $\sigma - N$ 曲线可知,当交变应力为 87.015 MPa 时,有限使用寿命略小于 10^6。且如图 4 – 14(b)所示,安全系数最小值为 1.585 9,大于 1,满足设计要求。图 4 – 14(c)为疲劳分析双轴指示(biaxiality indication)云图,其数值意义为较小与较大主应力的比,主应力接近于零可忽略。因此,单轴应力局部区域的 B 值为 0,而受到纯剪切的区域 B 值为 -1,双轴为 1。骨架非连接处受力状态多为单轴力,如拉力;横向主体骨架底部边缘受力主要为双轴受力状态;骨架间连接孔受力状态主要为剪切应力。

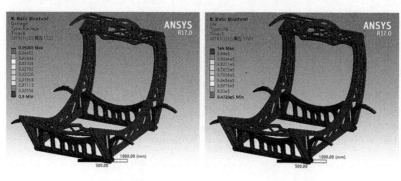

(a)损伤云图　　　　　　　　　　(b)寿命云图

图 4 – 13　疲劳寿命分析

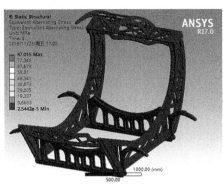
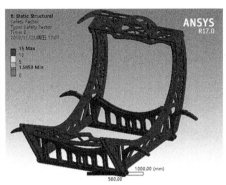

(a)等效交变应力云图   (b)安全系数云图

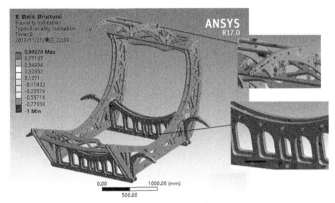

(c)双轴指示云图

图4-14 疲劳应力分析

8.骨架结构可靠性分析

传统机械设计方法通过零件的应力状态与零件材料强度来确定安全系数,而从可靠性角度分析,需要对骨架系统结构在疲劳分析基础上进行可靠性分析,以验证其结构的可靠性满足要求。对于机械结构而言,其可靠性是指其机械装置在特定的工作环境下,并在设计要求的使用寿命内完成预定工作的能力,特定工作环境包括环境温度、载荷、振动等工况。对于可靠性的评估,常用的评估指标有:寿命、失效率、可靠度、寿命方差及标准差等。失效率是产品在某一时刻前未失效而在该时刻后发生失效的概率。可靠度是指产品在设定的时间及工况下完成预定功能的概率。因此,寿命越高,失效率越低,可靠度越高的产品,其可靠性就越高。随着计算机技术的进步,可靠性计算方法已经与计算机技术相结合。常用的可靠度计算方法有:一次二阶矩阵法和随机有限元法。一次二阶矩阵法是一种求解近似值的方法,通过有限实验数据建立功能函数,对其极限状态方程进行泰勒展开,并得到一阶、二阶矩(随机变量均值、标准差),最终计算其功能函数大于零的概率。而对于随机有限元法,是通过建立设定的输入变量与输出变量间的关系,并通过对结果的离散点进行曲面拟合来得到响应面,进而进行可靠性分析。因此,也称作响应面法。两种方法前者主要通过数值计算,后者主要依靠模拟实验得到的数据。一次二阶矩阵法不适用于结构复杂的系统。由于骨架系统结构复杂,功能函数建立困难,本书选取随机有限元法。

随机有限元法,需要确定输入、输出参数,为响应面提供数据来源。由于骨架系统结构选材为钢材,在钢材实际生产工艺过程中(冶炼、热处理),同一批钢材的物理属性及机械力学性能等相关参数具有离散随机性特点,表现出分布状态。而在钢材加工工艺过程中(车、钳、洗、刨、磨等),不同加工件的结构尺寸及精度等参数也表现为离散随机性。但是对于精度问题,在选取配合方式及加工方式等方面可以控制,因此这些参数是可控变量。因此,其材料的力学性能参数为输入参数,作为输出参数的变量。

对于骨架系统结构的可靠性分析,选取对其结构强度、疲劳寿命影响较大的材料力学性能参数作为输入参数,即杨氏弹性模量及泊松比;选取等效疲劳应力(最大值)、疲劳寿命(最小值)及安全系数(最小值)作为输出参数。分析流程如图 4 – 15 所示。

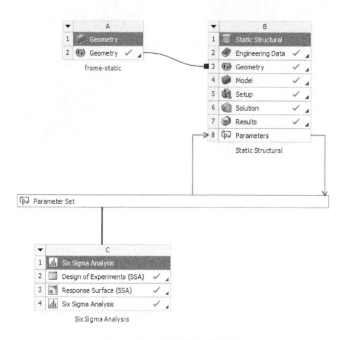

图 4 – 15　可靠性分析流程

灵敏度是用来度量输入参数对输出参数影响程度的量,其数值的绝对值越大,说明该输入参数对输出参数的影响越大。通过 Workbench 设计输入参数选取正态分布数值进行实验点计算并得到输入参数的灵敏度柱状图,如图 4 – 16 所示。

灵敏度柱状图表示将某一输入参数作为随机变量时,在其余输入参数不变的情况下,该随机变量对输出参数的影响。如柱状图所示纵坐标为灵敏度数值,横坐标表示三个输出参数。由分析可知,输入参数杨氏弹性模量对输出参数影响较小,而输入参数泊松比对输出参数影响程度由大到小为疲劳寿命、等效疲劳应力、安全系数。

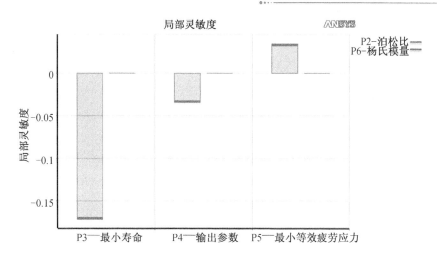

图 4 – 16　灵敏度柱状图

图 4 – 17,为输入参数对三个输出参数的响应面示意图。由响应图形状可知,对输出参数的影响主要来自泊松比。泊松比逐渐增大时,对于骨架系统结构最小寿命的影响逐渐减小;对于最小安全系数的影响逐渐减小;对于最大等效疲劳应力影响逐渐增大。

综合灵敏度及响应面分析可知,对于设计骨架系统结构,材料杨氏弹性模量影响较小,泊松比为主要影响参数;减小材料的泊松比可以增加骨架结构的疲劳寿命和安全性。

通过 Workbench 的 Six Sigma Analysis 模块进行可靠度试验分析,该模块基于 6 个标准误差理论,产品可以达到99.99%的成功率。由分析可以得到输入变量及输出变量的分布情况。如图 4 – 18 所示,横坐标代表输出变量数值分布;纵坐标代表概率分布,也就是柱状图中每一个柱体的高度;而曲线表示采样点。对随机变量进行 10 000 次抽样后得到分布柱状图。图 4 – 18 所示柱形图与分布函数很接近,而且分布无较大跳跃,并且给出了寿命最小值、安全系数最小值及等效交变应力最小值的数值分布列表,寿命最小值的分布均值为 9.44×10^5 次,安全系数最小值的分布均值为1.585 5。因此满足设计要求。

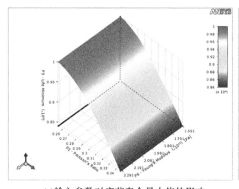

(a)输入参数对疲劳寿命最小值的影响

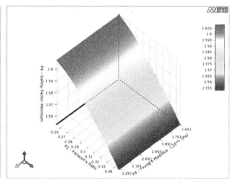

(b)输入参数对安全系数最小值的影响

图 4 – 17　响应面示意图

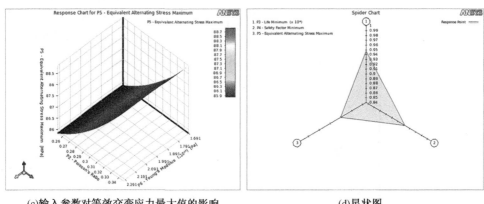

(c)输入参数对等效交变应力最大值的影响　　　　　　(d)星状图

图 4-17(续)

　　综上所述,输入参数在满足概率统计分布的情况下,输出参数寿命最小值、安全系数最小值均满足设计要求。因此,骨架结构满足可靠性设计要求。

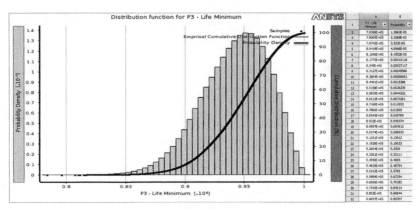

(a)寿命最小值分布概率图

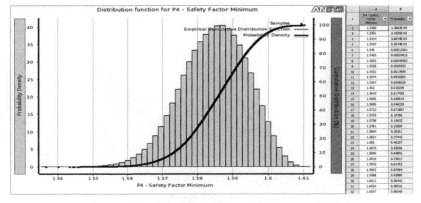

(b)安全系数最小值分布概率图

图 4-18　概率分布图

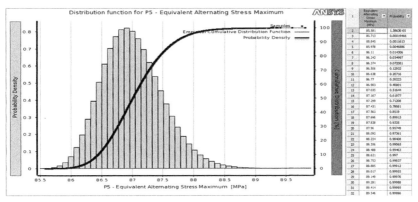

(c)等效交变应力最大值分布概率图

图 4 - 18(续)

4.4 微型水下观光机器人稳定性分析

观光机器人主要在水下工作,属于全潜式设备,其排水量高,须保证其重、浮力严格平衡。当受外界环境干扰做小角度横向倾斜时,浮心从 B_0 处移至 B_1 处,需保证原重心与浮心位于同一铅垂线上,使机体本身具有一定的被动稳定性。

图 4 - 19 为设计观光机器人机体示意图。h 为潜水器稳心高度,按照中国船级社《潜水系统和潜水器入籍规范》(2018)要求,微型载人潜水器需满足载客情况下的稳心高度大于 30 cm,且与水下稳定状态时姿态角处于 1° ~ 1.5°范围内,如式(4 - 12)所示。因此,计算稳心高度需要确定重心及浮心各自的位置。

$$\begin{cases} h = Z_f - Z_g \\ \varphi = \arctan \dfrac{Y_f - Y_g}{Z_f - Z_g} \\ \theta = \arctan \dfrac{X_f - X_g}{Z_f - Z_g} \end{cases} \qquad (4-12)$$

式中　　X_g、Y_g、Z_g——重心坐标,mm;

　　　　X_f、Y_f、Z_f——浮心坐标,mm。

设计得到各部分的结构并确定了各部分材料,通过建模提取各部分体积 V,结合式 $G = \rho V g$ 可以得到各部分重力。选取球壳舱室体心在底面投影点为坐标原点,舱室正前方为 x 轴正向,舱室正上方为 z 轴正向建立笛卡尔坐标系,根据式(4 - 13)计算可以得到潜水器各部分重心、浮心坐标和整体重心、浮心坐标,如表 4 - 7、4 - 8 所示。

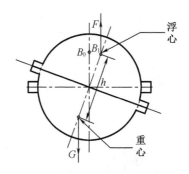

图 4 - 19 机体示意图

$$
\begin{cases}
X_{\mathrm{g}} = \dfrac{\sum x_i w_i}{\sum w_i} \\[3mm]
Y_{\mathrm{g}} = \dfrac{\sum y_i w_i}{\sum w_i} \\[3mm]
Z_{\mathrm{g}} = \dfrac{\sum z_i w_i}{\sum w_i}
\end{cases}
\qquad
\begin{cases}
X_{\mathrm{f}} = \dfrac{\sum x_i f_i}{\sum f_i} \\[3mm]
Y_{\mathrm{f}} = \dfrac{\sum y_i f_i}{\sum f_i} \\[3mm]
Z_{\mathrm{f}} = \dfrac{\sum z_i f_i}{\sum f_i}
\end{cases}
\qquad (4-13)
$$

式中 w_i——各部分重力,N;

f_i——各部分浮力,N;

x_i、y_i、z_i——各部分重心、浮心在总体坐标系中的位置,mm。

全潜状态时气囊为不充气状态。半潜运动时,舱室露出水面而减少的排水量由气囊提供。计算结果显示潜水器整体浮力大于重力且重、浮心在 x 轴方向上坐标偏差较大,根据浮力及重、浮心要求,需进行重力配平。

表 4 - 7   各部分重心计算

项目名称	重力/kN	重心坐标/mm
舱室外壳	8.34	(0,0,1 300)
舱内设备	1.7	(0,0,792.3)
乘客(理想状态)	0.784	(0,0,812.5)
舱室口盖	1.176	(0,0,2 300)
整体骨架	16.52	(-312,0,690.1)
电池仪器舱室(2 个)	6.23	(-12.5,0,163.7)
舱外设备	1.52	(-1 024,0,240.8)
供氧设备	3.172	(0,0,150)
气囊舱室	5.13	(0,0,900)
整体	44.572	(-152.3,0,749.6)

表4-8 各部分浮心计算

项目名称	浮力/kN	浮心坐标/mm
舱室整体	42.1	(0,0,1 300)
骨架整体	2.1	(-321,0,794.2)
电池仪器舱室	4.2	(170,0,305)
供氧设备	1.5	(0,0,148.2)
气囊	0(全潜)、12(半潜)	(-240,0,900)
整体	49.9	(0.8,0,1 160.3)

配平原则是重力与浮力方向作用点的连线空间位置共线,采取改变重心位置的方法进行调心。需要添加重块组质量及位置由重心公式进行计算,原重心点 $G(-152.3,0, 794.2)$、增加重块组重心点设定为 $G_m(X_m,0,Z_m)$、目标重心点设定为 $G+G_m(0.8,0,z)$,相关参数带入式(4-13)可以得到

$$\begin{cases} X_c = \dfrac{-152.3G + X_m G_m}{G + G_m} = 0.8 \\ Z_c = \dfrac{749.6G + Z_m G_m}{G + G_m} = Z \end{cases} \qquad (4-14)$$

平衡重物对称布置在主体骨架两侧,增加重块重心点需满足骨架安装尺寸条件和稳心分析中稳心高度要求,可以确定式(4-14)中未知量的边界条件:

$$\begin{cases} G_m > F - G = 5.328 \\ 0 < Z_m < 600 \\ 1\ 160.3 - z > 300 \end{cases} \qquad (4-15)$$

对称布置的重块质量取整为306 kg,代入式(4-14)得 $X_m \approx 1\ 138.1$,取 $Z_m = 150$,代入式(4-14)得到调整后的重心坐标为(0.73,0,678.5)。将重、浮心坐标代入式(4-12)中,可以得到水下稳定状态 $\theta = 0.02°$,稳心高度 $h = 48.18$ cm,均满足稳定性要求。

4.5 微型水下观光机器人的数学模型简化

对微型观光机器人水下行进时的受力情况进行分析,建立非线性数学模型,对数学模型求解。使用 Fluent 数值模拟技术对水下运动进行仿真分析,研究流体对运动产生的影响,根据分析结果解算相关水动力系数,求解动力学方程。对综合分析得到的计算结果进行微型观光机器人动力配置及推进器选型。

4.5.1 微观水下机器人简化模型

根据国际水池会议(ITTC)推荐,建立空间运动坐标系,如图 4 – 20 所示,分别建立固定(大地)坐标系 $E-\xi\eta\zeta$、运动(机器人)坐标系 $O-xyz$。两坐标系均满足右手定则。固定坐标系为惯性参考系,原点 E 位于地面或海中任意一点;$E\zeta$ 轴指向地心,$E\xi$ 轴与机器人主航行方向(直航)一致。机器人坐标系原点 O 取在其重心处;Ox 轴指向机器人正前方(艏部);Oy 轴指向机器人正右侧;Oz 轴指向机器人正下方。三轴均为惯性主轴。

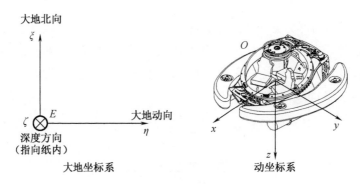

图 4 – 20　坐标系选取

可得到观光机器人水下空间五自由度动力学模型,如式(4 – 16)所示:

(1)纵向力方程:

$$m\left[\left(\dot{u}-vr+wq\right)-x_G(q^2+r^2)+(pq-\dot{r})+z_G(pr+\dot{q})\right]$$

$$=\frac{\rho}{2}L^4\left[X'_{qq}q^2+X'_{rr}r^2+X'_{pr}pr\right]+\frac{\rho}{2}L^3\left[X'_{pr}wq+X'_{\dot{u}}\dot{u}+X_{vr}{}'vr\right]+$$

$$\frac{\rho}{2}L^2\left[X'_{uu}u^2+X'_{vv}v^2+X'_{ww}w^2\right]+T_x-(P-B)\sin\theta \tag{4-16a}$$

(2)垂向力方程:

$$m\left[\left(\dot{w}-uq+vp\right)-z_G(p^2+q^2)+x_G(rp-\dot{q})+y_G(qr+\dot{p})\right]$$

$$=\frac{\rho}{2}L^4\left[Z'_{\dot{q}}q+Z'_{pp}p^2+Z'_{rr}r^2+Z'_{rp}rp\right]+\frac{\rho}{2}L^3\left[Z'_{\dot{w}}\dot{w}+Z'_{vr}vr+Z'_{vp}vp\right]+$$

$$\frac{\rho}{2}L^3\left[Z'_q uq+Z'_{w|q|}\frac{w}{|w|}(v^2+w^2)^{1/2}||q|\right]+$$

$$\frac{\rho}{2}L^2\left[Z'_0 u^2+Z'_w uw+Z'_{w|w|}w|(v+w)^{1/2}|\right]+$$

$$\frac{\rho}{2}L^2\left[Z'_{|w|}u|w|+Z'_{ww}|w(v^2+w^2)^{1/2}|\right]+\frac{\rho}{2}L^2 Z_{vv}v^2+(G-B)\cos\theta\cos\varphi \tag{4-16b}$$

(3)横倾力矩方程:

$$I_x p'+(I_z-I_y)qr+m\left[y_G(w'+pv-qu)-z_G(v'+ru-pw)\right]$$

$$= \frac{\rho}{2} L^5 \left[K'_{\dot{p}} p + K'_{\dot{r}} r + K'_{qr} qr + K'_{pq} pq + K'_{p|p|} p|p| \right] + \frac{\rho}{2} L^3 \left[K'_{\dot{v}} \dot{v} + K'_{vp} up + K'_{ur} ur \right] +$$

$$\frac{\rho}{2} L^3 \left[K'_{vq} vq + K'_{wp} wp + K'_{wr} wr \right] + \frac{\rho}{2} L^2 \left[K'_0 u^2 + K'_v uv + Z'_{v|v|} v|(v^2 + w^2)^{1/2}| \right] +$$

$$(G - B) \cos \theta \cos \varphi \tag{4-16c}$$

（4）纵倾力矩方程：

$$I_y \dot{q} + (I_x - I_z) rp + m \left[z_G (\dot{u} + wq - vr) - x_G (\dot{w} + pv - uq) \right]$$

$$= \frac{\rho}{2} L^5 \left[M'_{\dot{q}} \dot{q} + M'_{pp} p^2 + M'_{rr} r^2 + M'_{rp} rp + M'_{q|q|} q|q| \right] +$$

$$\frac{\rho}{2} L^4 \left[M'_{\dot{w}} \dot{w} + M'_{vr} vr + M'_{vp} vp + M'_{q} uq + M'_{|w|q} |(v^2 + w^2)^{1/2}| q \right] +$$

$$\frac{\rho}{2} L^3 \left[M'_0 u^2 + M'_w uw + M'_{w|w|} w|(v + w)^{1/2}| \right] +$$

$$\frac{\rho}{2} L^3 \left[M'_{|w|} u|w| + M'_{w|w|} w|(v^2 + w^2)^{1/2}| \right] + Gh \sin \theta \tag{4-16d}$$

（5）偏航力矩方程：

$$I_z \dot{r} + (I_y - I_x) pq + m \left[x_G (\dot{v} + ur - pw) - y_G (\dot{u} + wq - vr) \right]$$

$$= \frac{\rho}{2} L^5 \left[N'_{\dot{r}} \dot{r} + N'_{\dot{p}} \dot{p} + N'_{pq} pq + N'_{qr} qr + N'_{r|r|} r|r| \right] +$$

$$\frac{\rho}{2} L^4 \left[N'_{\dot{v}} \dot{v} + N'_{wr} wr + N'_{wp} wp + N'_{vq} vq + N'_{p} up + N'_{r} ur + N'_{v|r|} \frac{v}{|v|} |(v^2 + w^2)^{1/2}||r| \right] +$$

$$\frac{\rho}{2} L^3 \left[N'_0 u^2 + N'_v uv + N'_{v|v|} v|(v^2 + w^2)^{1/2}| \right] + \frac{\rho}{2} L^3 N'_{vw} vw \tag{4-16e}$$

对五自由度动力学模型的仿真分析和综合运动分析相对要复杂得多，且观光潜水器以观光为主要需求，因此针对观光机器人水平面及纵垂直面运动进行分析，可继续化简，建立更为简洁的直航、定深和转艏动力学模型。

（1）直航动力学模型

假定直航运动过程中重心与其坐标系 $(O - xyz)$ 原点重合，且运动过程稳定，潜水器重、浮心始终位于同一条竖直直线上，即 $\varphi = \theta = 0$。通过式（4-16a）纵向力方程可以得到：

$$(m - X_{\dot{u}}) = X_{rr} r^2 + (m + X_{vr}) vr + X_{uu} u^2 + X_{vv} v^2 + X_p \tag{4-17}$$

直航运动过程 $v = r = 0$，且不考虑速度项与加速度项间的耦合水动力系数，及二阶以上的水动力系数，式（4-17）化简可以得到直航运动模型：

$$m \dot{u} = X_{uu} u^2 + X_p \tag{4-18}$$

无因次化处理结果为

$$m \dot{u} = \frac{1}{2} \rho L^2 X'_{uu} u^2 + X_p \tag{4-19}$$

（2）下潜动力学模型

根据式（4-16b）垂向力方程可以得到

$$(m - Z_{\dot{w}})\dot{w} = Z_{\dot{q}}\dot{q} + (m - X_{\dot{u}})uq + Z_w w + Z_{w|w}w|w| + Z_{ww}w^2 + Z_{q|q}q|q| + Z_p$$

$$(4-20)$$

下潜运动过程 $u = v = 0$，处理与直航模型相似，式(4 - 20)化简可以得到下潜运动模型：

$$m\dot{w} = Z_{ww}w^2 + Z_p \tag{4-21}$$

无因次化处理结果为

$$m\dot{w} = \frac{1}{2}\rho L^2 Z'_{ww}w^2 + Z_p \tag{4-22}$$

(3)转艏动力学模型

根据式(4 - 16e)偏航力矩方程可以得到

$$(I_z - N_{\dot{r}}) = N_{\dot{v}}\dot{v} - (X_{\dot{u}} - Y_{\dot{v}})ur + N_v v + N_r r + N_{v|v}v|v| + N_{v|r}v|r| + N_{r|r}r|r| + N_p$$

$$(4-23)$$

转艏运动过程 $u = v = w = 0$，式(4 - 23)化简可以得到转艏运动模型：

$$I_z\dot{r} = N_r r + N_p \tag{4-24}$$

无因次化处理结果为

$$I_z\dot{r} = \frac{1}{2}\rho L^4 N'_r r + N_p \tag{4-25}$$

4.5.2　简化模型的水动力系数

水平面及垂直面上的运动需要将水动力在各个坐标轴的分量分别进行投影处理，因此，水平面运动分析可以表示为

$$\begin{cases} X = f_X(u,v,r,\dot{u},\dot{v},\dot{r}) \\ Y = f_Y(u,v,r,\dot{u},\dot{v},\dot{r}) \\ N = f_N(u,v,r,\dot{u},\dot{v},\dot{r}) \end{cases} \tag{4-26}$$

$$\begin{cases} X = f_X(u,w,q,\dot{u},\dot{w},\dot{q}) \\ Z = f_Y(u,w,q,\dot{u},\dot{w},\dot{q}) \\ M = f_N(u,w,q,\dot{u},\dot{w},\dot{q}) \end{cases} \tag{4-27}$$

将式(4 - 26)和式(4 - 27)按照多元函数泰勒展开原理进行处理，选取匀速直航运动为平衡状态，即 $u_0 = V$，其余速度分量及加速度分量均为零，并以此作为泰勒展开的 x_0 点。各参数变量为

$$\Delta u = u - u_0 \quad \Delta v = v - v_0 = v \quad \Delta w = w \quad \Delta r = r \quad \Delta q = q \tag{4-28}$$

以横向力 Y 为例，进行三阶展开，可以得到

$$Y = f_Y(u,v,r,\dot{u},\dot{v},\dot{r})$$

$$= Y_0 + Y_u \Delta u + Y_v v + Y_r r + Y_{\dot{u}}\dot{u} + Y_{\dot{v}}\dot{v} + Y_{\dot{r}}\dot{r} +$$

$$\frac{1}{2 \times 1}(Y_{uu}\Delta u^2 + Y_{vv}v^2 + Y_{rr}r^2 + 2Y_{uv}\Delta uv + 2Y_{ur}\Delta ur + 2Y_{vr}vr) +$$

$$\frac{1}{3 \times 2 \times 1}(Y_{uuu}\Delta u^3 + Y_{vvv}v^3 + Y_{rrr}r^3 + 3Y_{uuv}\Delta u^2 v + \cdots + 3Y_{vvr}v^2 r) \tag{4-29}$$

式中：

$$\begin{cases} Y_0 = Y(u_0,0,0,0,0,0) \\ Y_u = \dfrac{\partial Y}{\partial u}\bigg|_{\substack{u=u_0 \\ v=r=\dot{u}=\dot{v}=\dot{r}=0}} \\ Y_{\dot{v}} = \dfrac{\partial Y}{\partial \dot{v}}\bigg|_{\substack{u=u_0 \\ v=r=\dot{u}=\dot{v}=\dot{r}=0}} \end{cases} \tag{4-30}$$

由式(4-30)可以得到其对应的水动力系数。通过做定向、定深直线运动,从而仅有单方向的速度项,无其他方向的速度及加速度项。因此,水下行进的惯性力为0,潜水器动力学方程中只保留黏性类水动力,整理后可得此时动力学方程：

$$\begin{cases} 0 = \dfrac{\rho}{2}L^2 X'_{uu}u^2 + R_x \\ 0 = \dfrac{\rho}{2}L^2 Y'_{v|v|}v|(v^2)^{1/2}| + R_y \\ 0 = \dfrac{\rho}{2}L^2[Z'_{w|w|}w|(w^2)^{1/2}| + Z'_{ww}|w|(w^2)^{1/2}||] + R_Z \end{cases} \tag{4-31}$$

式中 R_x、R_y、R_z——试验或仿真所测阻力值,N；

X'_{uu}、Z'_{ww}——无因次耦合水动力系数；

$X'_{v|v|}$、$Z'_{w|w|}$——带绝对值方向判断的无因次耦合水动力系数。

因此,单方向匀速运动模型试验动力学方程可简化为

$$0 = \frac{1}{2}\rho L^2 X'_{\Lambda\Lambda}\Lambda^2 + X_E \tag{4-32}$$

式中 Λ——分别表示 u、v、w 项,m/s；

X_E——阻力值,N。

水动力系数的无因次转化,转换关系如下：

$$X_{\Lambda\Lambda} = \frac{1}{2}\rho L^2 X'_{\Lambda\Lambda} \tag{4-33}$$

式中 $X_{\Lambda\Lambda}$——水动力系数。

通过阻力与速度多组数值进行曲线拟合,取拟合曲线相关系数并代入(4-33)可以得到无因次水动力系数。

4.5.3 Fluent 软件前处理

使用 Fluent 等流体数值分析软件,其计算黏性流体的绕流问题时是通过求解 N-S 方程得到的。层流及湍流模型的区别为湍流模型存在瞬态脉动量,工程计算中使用的雷诺方程法,通过对脉动量的时均化来达到减少计算量、增加效率的目的。选取湍流模型作为水动力分析数值计算模型。在 Fluent 中提供了多种湍流数值模型：RNG$k-\varepsilon$ 模型、$k-\omega$ 模

型、v^2-f 模型和 S - A 模型等。其中，对于水下作业装备流体 CFD 仿真分析主要使用两种模型：$k-\varepsilon$ 模型及 $k-\omega$ 模型。

1. 标准 $k-\varepsilon$ 模型

$k-\varepsilon$ 模型为标准两方程模型，该湍流模型中存在 ε 变量，动能 k 和耗散率 ε 作为基本变量，流体动力学方程为

$$\begin{cases} \dfrac{\partial(pk)}{\partial t} + \dfrac{\partial(pku_i)}{\partial x_i} = \dfrac{\partial}{\partial x_j}\Big[\Big(\mu + \dfrac{\mu_t}{\sigma_k}\Big)\dfrac{\partial k}{\partial x_j}\Big] + G_k + G_b - \rho\varepsilon - Y_M + S_k \\ \dfrac{\partial(p\varepsilon)}{\partial t} + \dfrac{\partial(p\varepsilon u_i)}{\partial x_i} = \dfrac{\partial}{\partial x_j}\Big[\Big(\mu + \dfrac{\mu_t}{\sigma_\varepsilon}\Big)\dfrac{\partial \varepsilon}{\partial x_j}\Big] + G_\varepsilon\dfrac{\varepsilon}{k}(G_k + C_{3\varepsilon}G_b) - C_{2\varepsilon}\rho\dfrac{\varepsilon^2}{k} + S_\varepsilon \end{cases} \quad (4-34)$$

式中　　G_k——速度梯度产生湍动能项；

　　　　G_b——浮力产生湍动能项；

　　　　Y_M——脉动扩张率。

其中 ε 及 μ_i 满足下式：

$$\begin{cases} \varepsilon = \dfrac{\mu}{\rho}\overline{\Big(\dfrac{\partial u_i'}{\partial x_k}\Big)\Big(\dfrac{\partial u_i'}{\partial x_k}\Big)} \\ \mu_i = \rho C_\mu \dfrac{k^2}{\varepsilon} \end{cases} \quad (4-35)$$

2. 标准 $k-\omega$ 模型

该模型的流体对象引入了压缩因子，即可压缩流体分析。流体动力学方程为

$$\begin{cases} \dfrac{\partial(\rho k)}{\partial t} + \dfrac{\partial(\rho ku_i)}{\partial x_i} = \dfrac{\partial}{\partial x_j}\Big[\Gamma_k\dfrac{\partial k}{x_j}\Big] + G_k - Y_k + S_k \\ \dfrac{\partial(\rho\omega)}{\partial t} + \dfrac{\partial(\rho\omega u_i)}{\partial x_i} = \dfrac{\partial}{\partial x_j}\Big[\Gamma_\omega\dfrac{\partial \omega}{x_j}\Big] + G_\omega - Y_\omega + S_\omega \end{cases} \quad (4-36)$$

$$\begin{cases} \Gamma_k = \mu + \dfrac{\mu_t}{\sigma_k} \\ \Gamma_\omega = \mu + \dfrac{\mu_t}{\sigma_\omega} \end{cases} \quad (4-37)$$

式中　　σ_ω——湍流动能扩散率；

　　　　σ_k——湍流动能普朗特数。

上述两种基本方法各有优缺点。标准 $k-\varepsilon$ 模型，其模型本身具有的稳定性高，且有较高的计算精度，应用最广泛，常用于处理高雷诺数(Re)的湍流数值计算模型。标准 $k-\omega$ 模型，则考虑了湍流动能及剪切流的影响，适用于混合层及射流计算。因此，选取标准 $k-\varepsilon$ 模型作为水动力数值计算的湍流模型。使用 ICEM 模块进行 CFD 模型的网格划分，ICEM 的优势在于其强大的网格划分功能，不仅具有基本的结构及非结构网格划分功能，其对边界层的控制更加细腻，通过映射功能可以适应复杂模型的划分要求，并且可以对网格进行光顺处理。为了适应 CFD 计算收敛性及计算机计算速度等要求，且便于保证网格划分精度，首先需要进行模型简化处理。

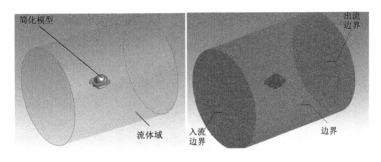

图4-21 缩比几何模型及网格划分和边界条件

由于观光机器人半闭合式骨架位于透光舱室外侧,相关的设备仪器舱室及供氧装置等挂载于骨架之上,这些设备在潜水器行进过程中都会产生附体质量,因此模型简化处理不能将其去除。按照原尺寸以缩尺比($\lambda = 2$)进行模型的缩小,去除螺栓等连接件并将通孔等影响 CFD 数值分析的结构进行优化处理。计算域的大小与形状直接影响数值计算的计算精度。若计算域选取过小,潜水器在流场中的航行情况将无法真实还原;若选取的过大,会导致流体域网格划分时非结构网格划分过于密集,从而使计算时间延长。如图4-21所示,圆柱体计算域直径为潜水器宽度的6倍,入流边界(Veloctiy Inlet)距潜水器前端为潜水器长度的5倍,出流边界(Outflow)距潜水器后端为潜水器长度的5倍。数值计算模型选取网格划分形式为混合式划分。固体域采用非结构化网格划分,其所处流场流体域选取结构化网格划分,并对流固交界面进行网格加密处理。流场入口为速度入口,给定来流速度大小及方向。流场出口为压力出口,为了更好地模拟流体运动情况,出口条件设置为无压强初始状态。求解器的相关参数设定如表4-9所示:

表4-9 求解器参数设定

计算模型	标准 $k-\varepsilon$ 模型
求解方式	压力瞬态求解
压力速度耦合方式	SIMPILE 算法
压力项	标准
动量项	二阶迎风
连续性残差	1×10^{-5}
其余残差	1×10^{-4}

4.5.4 Fluent 计算及水动力系数解算

将网格划分后单元数据导入 Fluent 进行数值计算,通过潜水器水下行进阻力的计算结果结合航速进行水动力系数求解。在 Fluent 中将流体阻力定义分为三种,分别是压差阻力、黏性摩擦阻力和兴波阻力。压差阻力由潜水器迎流面的正压强产生,黏性摩擦阻力与潜水器运动时其湿表面积有关。压差阻力计算可以通过将潜水器表面压强结果输入 Workbench 静力模块进行计算,黏性摩擦阻力通过仿真数值计算得到的阻力系数 C_f,根据式 (4-38)进行计算,兴波阻力产生的主要来源是自由液面,由于潜水器位于水下远离自由液面处,因此忽略其影响。

$$\begin{cases} R = R_f + R_{pv} \\ R_f = \dfrac{1}{2}\rho C_f A V^2 \end{cases} \qquad (4-38)$$

式中　V——流场速度,m/s;

　　　ρ——流体密度,kg/m^3;

　　　A——湿表面积,m^2;

　　　C_f——摩擦阻力系数。

1. 直航仿真

取航速为 $0.6\sim2$ m/s,以 0.2 m/s 作为间隔,共进行 8 组仿真数值计算。通过设置不同来流速度实现水下相对行进运动。可以得到表 4-10 中阻力计算结果。图 4-22 给出了直航航速为 2 m/s 时的仿真输出结果云图,如图 4-22(a)所示,表面压强集中在迎流面,行进过程迎流面与后表面间的压差是产生压差阻力的主要来源。图 4-22(b)为行进时周围流场流线分布云图,从图中可以看出直航时,艉部会产生抑制涡流,但是艏部和两侧周围流场流速分布均匀,且没有明显的突变趋势。

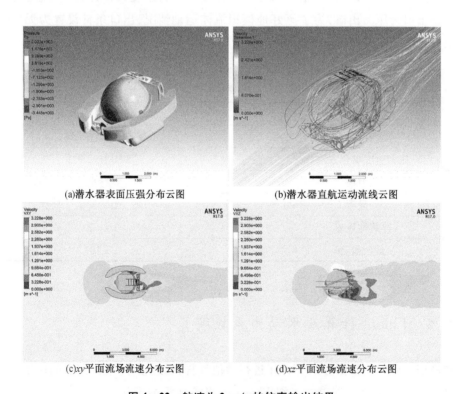

(a)潜水器表面压强分布云图　　　　　(b)潜水器直航运动流线云图

(c)xy平面流场流速分布云图　　　　　(d)xz平面流场流速分布云图

图 4-22　航速为 2 m/s 的仿真输出结果

表4-10 不同速度直航阻力值

$u/(\text{m} \cdot \text{s}^{-1})$	0.6	0.8	1.0	1.2
阻力/N	-126.304	-226.096	-354.4	-515.216
$u/(\text{m} \cdot \text{s}^{-1})$	1.4	1.6	1.8	2.0
阻力/N	-699.544	-921.384	-1 164.736	-1 435.6

取直航速度 u 为自变量,行进阻力为因变量,根据式(4-32)进行最小二乘法曲线拟合,即可得到该方向上的水动力系数。曲线拟合结果如图(4-23)所示,根据结果并将相关参数代入式(4-33),对系数进行无因次化处理,可以得到 $X'_{uu} = -0.181\ 4$。

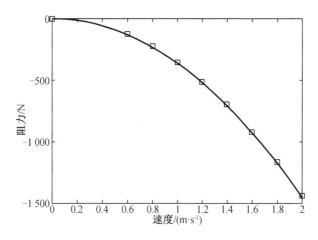

图4-23 航速、阻力拟合曲线

2. 下潜仿真

下潜仿真前处理模型与直航相似,只有流体域、入流及出口边界设置不同,如图4-24所示。取下潜速度0.6~2 m/s,以0.2 m/s作为间隔,进行8组仿真数值计算。通过设置不同来流速度实现潜水器水下相对行进运动。可以得到表4-11中阻力计算结果。图4-25给出了潜水器下潜速度为1 m/s时的仿真输出结果云图,如图4-25(a)所示,表面压强集中壳体底面和气囊舱室底面。图4-25(b)为行进时周围流场流线分布云图,从图中可以得到,在下潜过程中,顶部会产生抑制涡流,从阻力数值上也可以看出,抑制涡流所产生的黏性摩擦阻力给下潜带来了更大的阻力。下潜过程中流体流速沿潜水器周围呈对称分布,且分布均匀,故下潜过程中潜水器运动状态更稳定。

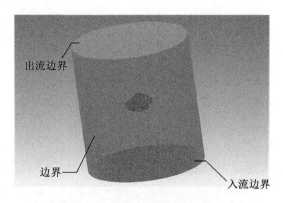

图 4 – 24 网格划分和边界条件

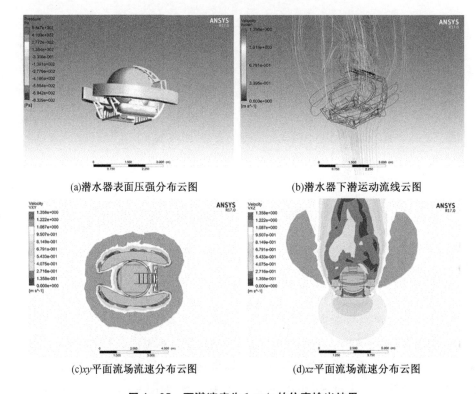

(a)潜水器表面压强分布云图　　　　　　　(b)潜水器下潜运动流线云图

(c)xy平面流场流速分布云图　　　　　　　(d)xz平面流场流速分布云图

图 4 – 25 下潜速度为 1 m/s 的仿真输出结果

表 4 – 11 不同速度下潜阻力值

$w/(\mathrm{m \cdot s^{-1}})$	0.6	0.8	1.0	1.2
阻力/N	– 248.312	– 434.885	– 676.2	– 966.248
$w/(\mathrm{m \cdot s^{-1}})$	1.4	1.6	1.8	2.0
阻力/N	– 1 334.032	– 1 778.552	– 2 258.808	– 2 767.8

　　取下潜速度 w 为自变量,行进阻力为因变量,根据式(4 – 32)进行最小二乘法曲线拟合,即可得到该方向上的水动力系数。曲线拟合结果如图 4 – 26 所示,根据结果并将相关参

数代入式(4-33),对系数进行无因次化处理,可以得到 $Z'_{uu} = -0.342\ 1$。

3. 转艏仿真

转艏仿真前处理模型与直航一致,区别是前者添加了固体域的转动,其余求解器参数设置一致。转艏要求速度低,取转艏速度为 $0.2 \sim 1.0$ rad/s,以 0.2 rad/s 作为间隔,进行 5 组仿真数值计算。可以得到表 4-12 所示阻力矩计算结果。图 4-27 给出了转艏速度为 0.4 rad/s 时仿真输出结果云图,如图 4-27(a)所示,表面压强集中转艏运动的迎流面。图 4-27(b)为行进时周围流场流线分布云图,从分布云图中可以得到,在转艏过程中,抑制涡流主要集中在潜水器艉部,但是由于转艏速度需求低,因此在低速转艏时整体阻力值相比直航、下潜运动要小。

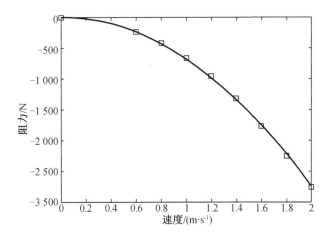

图 4-26 下潜速度、阻力拟合曲线

表 4-12 潜水器不同速度转艏阻力值

$r/(\text{rad} \cdot \text{s}^{-1})$	0.2	0.4	0.6	0.8	1.0
阻力矩/N·m	-268.52	-599.04	-898.56	-1 382.08	-1 855.6

取潜水器转艏速度 r 为自变量,阻力矩为因变量,通过曲线拟合,即可得到该方向上的水动力系数。曲线拟合结果如图 4-28 所示,根据结果并将相关参数代入式(3-32)中对系数进行无因次化处理可以得到 $N'_r = -0.187\ 2$。

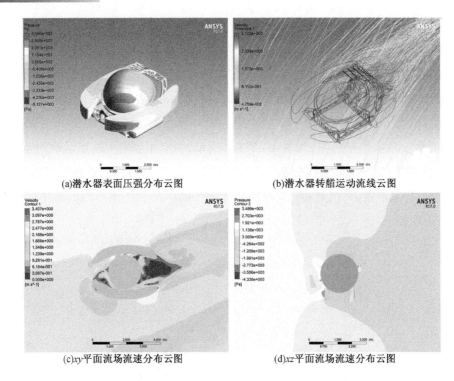

(a)潜水器表面压强分布云图　　　　(b)潜水器转艏运动流线云图

(c)xy平面流场流速分布云图　　　　(d)xz平面流场流速分布云图

图4-27　转艏速度0.4 rad/s时仿真输出结果云图

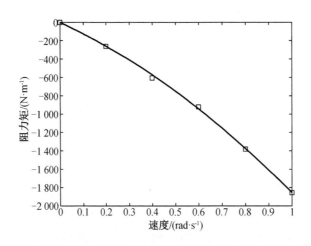

图4-28　转速、阻力矩拟合曲线

将水动力系数计算结果代入简化动力学模型中,可以得到直航、下潜及转艏三个运动的动力学模型,矩阵表示如下:

$$\begin{bmatrix} 4\ 534 & & \\ & 4\ 534 & \\ & & 3\ 267 \end{bmatrix}\begin{bmatrix} \dot{u} \\ \dot{w} \\ \dot{r} \end{bmatrix} + \begin{bmatrix} 718.2u & & \\ & 1\ 368.4w & \\ & & 1\ 497.6 \end{bmatrix}\begin{bmatrix} u \\ w \\ r \end{bmatrix} = \begin{bmatrix} T_X \\ T_Z \\ T_N \end{bmatrix} \quad (4-39)$$

由式(4-39)可以计算得出直航和下潜运动在不同速度、不同加速度的情况下需要的推力。

4.5.5 推进系统

对于潜水器的推进系统,按照所需推进器数量和所需自由度数间的关系,将其分为过驱式、欠驱式和全驱式。以设计布置6台推进器为例,其中4台垂向推进器,2台水平推进器。取重、浮心所过垂线为 z 轴,艏向为 x 轴正向,底面为 xy 平面建立笛卡尔坐标系。使用 $\boldsymbol{\tau} = (\tau_x, \tau_y, \tau_z)$ 表示推进器推力, $\boldsymbol{\beta}_i (i = 1, 2, \cdots, 6)$ 表示矢量角。6台推进器的安装位置见表 4 – 13:

表 4 – 13 推进器安装位置

序号	描述	矢量角	x/m	y/m	z/m
1	艏左垂向推进器	与 Oz 轴 15°夹角	1.2	1.2	1.45
2	艏右垂向推进器	与 Oz 轴 15°夹角	1.2	1.2	1.45
3	艉左垂向推进器	与 Oz 轴 15°夹角	– 1.2	– 1.2	1.45
4	艉右垂向推进器	与 Oz 轴 15°夹角	– 1.2	– 1.2	1.45
5	艉左水平推进器	与 Ox 轴 20°夹角	– 1.47	0.75	1.24
6	艉右水平推进器	与 Ox 轴 20°夹角	– 1.47	– 0.75	1.24

如图 4 – 29(a)、(b)分别为观光机器人水平、垂向推进器的矢量布局图。

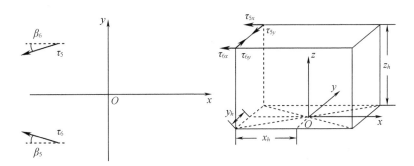

(a)水平推进器矢量布局示意图

图 4 – 29 推进系统推进器矢量图

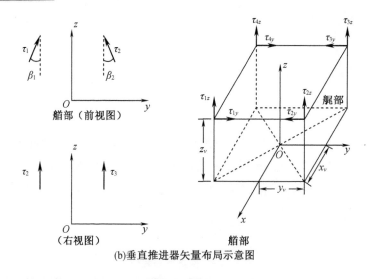

(b)垂直推进器矢量布局示意图

图 4 – 29(续)

根据图中标注可以得到直航、下潜和转艉运动推进器产生的推力表达式:

$$\begin{cases} T_x = \tau_5 \cos(\beta_5) + \tau_6 \cos(\beta_6) \\ T_z = \tau_1 \cos(\beta_1) + \tau_2 \cos(\beta_2) + \tau_3 \cos(\beta_3) + \tau_4 \cos(\beta_4) \\ T_n = \tau_5 \sin(\beta_5) x_h + \tau_1 \sin(\beta_1) x_v + \tau_3 \sin(\beta_3) x_v \end{cases} \quad (4-40)$$

根据式(4 – 39)和式(4 – 40),将设计指标中要求的航速及表 4 – 13 中的数据代入,得到垂直及水平推进器所需要的推力为

$$\begin{cases} \tau_1 = \tau_2 = \tau_3 = \tau_4 > 1\,416.67 \text{ N} \\ \tau_5 = \tau_6 > 1\,528.58 \text{ N} \end{cases}$$

推进器产生的推力是由螺旋桨高速旋转排出流体而获得的反作用力,螺旋桨旋转运动是通过电机输出扭矩实现的。推进器主要包含两部分:螺旋桨和电机。根据计算可以得到潜水器所需的最小推力,以此为根据进行电机及螺旋桨的选型。定距变速螺旋桨推力方程为

$$T = \rho n^2 D^4 K_{\text{T}} \quad (4-41)$$

式中　ρ——水的密度,kg/m³;

　　　D——螺旋桨直径,m;

　　　K_{T}——推力系数;

　　　n——螺旋桨转速,r/s。

转矩方程为

$$Q = \rho n^2 D^5 K_Q \quad (4-42)$$

式中　K_Q——转矩系数。

螺旋桨转矩由电机输出得到,电机输出转矩为

72

$$T_D = \frac{9\,500 \times P}{n_0} \qquad\qquad (4-43)$$

式中　T_D——电机输出转矩，$N \cdot m$；

　　　D——电机额定输出功率，kW；

　　　n_0——电机额定转速，r/min。

根据式（4-41）、式（4-42）和式（4-43）得到式（4-44）：

$$\frac{9\,500P}{nD} \times \frac{K_T}{K_D} > T_a \qquad\qquad (4-44)$$

式中　T_a——潜水器所需最小推力，N。

根据式（4-44）进行螺旋桨推进器的选型，比如可以选取 Tecnadyne 公司的 Model8020 推进器。其电机及螺旋桨相关参数如表4-14、4-15所示。

表4-14　螺旋桨相关参数

叶片数	3
直径 D/m	0.31
盘面比	0.42
螺距比	0.64
推力系数 K_T（最大转速时）	0.67
转矩系数 K_D（最大转速时）	0.072

表4-15　推进器电机相关参数

额定功率/kW	12.6
额定电压/VDC	150、185
额定转速/($r \cdot min^{-1}$)	1 500

进行推力验算时，将相关参数代入式（4-44）中，可以得到选用螺旋桨推进器提供最大推力为 $T = 2\,475.2N > T_a$，满足使用要求。

4.6　微型水下观光机器人的控制系统

微型水下观光机器人是机械系统、运动控制系统、测试传感系统、人机交互系统等多种系统的有机结合体。为了能够将各部分系统进行统一的管理与监控，基于 LabVIEW 进行综合显控系统的设计，搭建人机交互界面，使系统各部分紧密联系在一起，达到综合控制与监测机器人的目的。

4.6.1　控制系统总体结构

作为水下作业载体,需要具有稳定可靠的运动能力及精确的控制能力,需要建立完备的运动控制体系结构,保证其生存能力和行为能力。完善的运动控制体系结构可以在保证运动能力的同时对外部环境及运动状态进行实时检测,协助顶层规划系统对综合控制进行合理规划。图4-30为设计范例的控制系统体系结构图。

控制体系主要由顶层规划及底层运动两部分控制系统组成。顶层规划主要负责处理整体任务分配、时间分配及进行关键决策规划。底层运动控制则主要负责运动学、动力学解算、位姿信息采集处理等功能。设计运动控制系统的体系结构主要分为三层,第一层作为顶层规划系统,第二层与第三层则作为底层运动控制系统。

指挥与决策层作为载人潜水器控制系统的核心控制层,相当于潜水器的大脑,主要负责对综合信息进行整合处理显示,并根据运动情况对控制指令进行优先安排规划,协调控制系统的命令分配。同时具备在紧急情况下进行总控处理的能力。

执行与感知层用于感知外部环境以及目标指令,同时将控制层的运行指令分配给各个执行机构。感知系统主要对包括系统资源、动力性能、外界环境及目标指令等参数进行采集处理。其主要依靠速度传感器、深度传感器、压力传感器、温度传感器及陀螺仪等多种传感器的协调作用获取载人潜水器的运行情况,以及周围环境的相应信息。同时利用数据采集卡和一定的数据处理算法对采集到的原始数据进行处理,并结合决策层的控制规划对运动状态及环境信息进行综合考虑,最终将信息提供给控制层用于规划其后续运动。在发生某些紧急情况时,若由感知层传递命令后等待控制层反馈则会引起指令滞后,这将导致安全问题的出现,因此在这种情况下,感知层具备直接操作并控制执行元件进行工作的能力。执行系统的工作主要是根据控制层的控制指令完成相应执行元件的运动分配。主要的执行机构为推进装置,包括2个水平推进器与4个垂直推进器,在运行过程中需要根据不同的运动状态考虑其推力分配情况,需要建立合理的推力分配逻辑,同时执行系统还需具备在突发情况下可由感知系统直接进行控制的功能,以保证其运行安全性。

通信与控制层主要是利用感知层所提供的运动信息、运动环境等,采用一定的控制算法来推算出完成规定运动,执行机构所需的推力大小,并将推力分配指令发送给执行层,从而完成顶层决策系统所规划的运动任务。由于运动的时变性以及周围环境的复杂性和不确定性,导致其运动过程受扰动明显,因此运动控制模块可采用模糊逻辑控制。

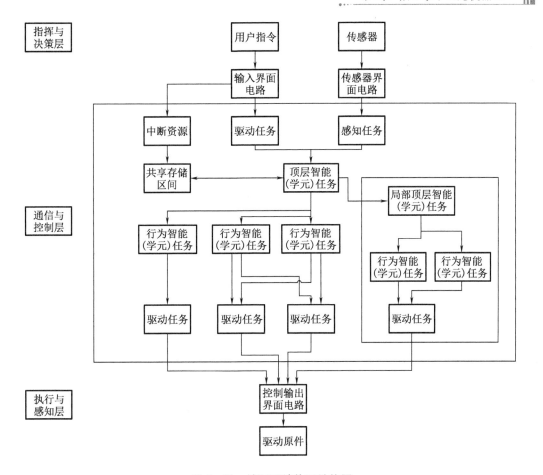

图4-30 控制系统体系结构图

4.6.2 控制系统硬件结构

采用嵌入式系统结构,其底层运动控制系统完全嵌入机体内部,其运动控制系统硬件结构如图4-31所示。采用了基于PC104总线的嵌入式系统,包括中央处理模块、串口采集与处理模块、模拟信号电压采集模块、数字I/O模块、D/A转换与电压发送模块,以及数字I/O与开关控制模块。

嵌入式系统采用 Art Technology 的 EPC97C1 作为其核心模块,集成 Intel® Core™ i7 第四代高性能处理器,采用 Intel® QM87 Express 芯片组,含有 PC104 Express type2 和 PC104 plus 总线,以及 USB2.0,USB3.0,RS232,RS485,千兆以太网,SMBUS,LPC 等接口,可在高速通信、数据采集、大容量存储等系统方案中提供丰富的接口。数据采集卡选择 Art Technology 公司的 PCH2153。PCH2153 是基于 PC104 + 总线的数据采集卡,拥有 16 路单端通道、16 位 AD 精度、250KS/s 的采样频率以及 16K 字节的缓冲区。导航系统采用 FOGSINS - 1000FMA 光纤微惯性组合测量系统。测量系统集成了三轴加速度、三轴角速度以及三轴姿态角测量传感器,可用于测量姿态与方位信息,实现高精度数据采集,并可用于定制自动行驶功能。其姿态精度≤0.1 deg,速度精度≤0.1 m/s,角速度测量范围为±300 deg/s,加速度范围为±4 g。深度传感器选用德国 SICK 公司生产的 LFH – EB010G1VS03ZV0 压力传感器,它是一款高精度液位压力传感器,采用了全密封不锈钢外壳,集成 PT100 元件的温度测量功能,可以满足测量 0~10 bar 的压力范围,其准确度达到≤0.25%,深度可达 100 m,完全满足使用需求。

为使舱室密封可靠,需要及时了解各个需要密封部位的密封情况。采用漏水检测方式实现对密封情况的检测,用在舱室内部、电池仪器舱室内部及外部挂载的设备舱室。设计漏水报警为电极型水浸传感器与 STM32 单片机组成的漏水检测系统,图 4 – 32 为漏水检测模块系统框图。通过将电极型水浸传感器布置在内部,根据电极浸水阻值发生变化的原理,检测电压数据以确定传感器的工作情况,进而判断潜水器内部是否发生漏水,通过 STM32 对结果进行处理并产生应对信号,利用蜂鸣器及人机交互界面指示灯作为其报警装置,可在发生漏水情况时提醒驾驶人员。图 4 – 33 是电极型浸水传感器的接口电路图。

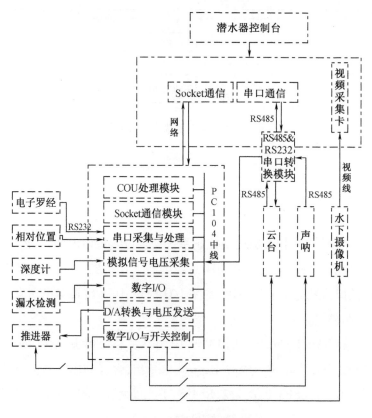

图 4 – 31　硬件体系结构图

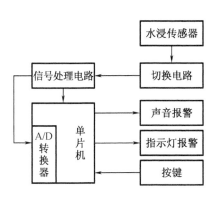

图4-32 漏水检测系统框图

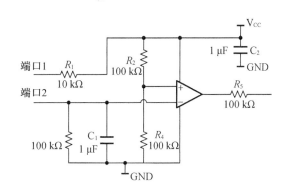

图4-33 电极型浸水传感器接口电路图

4.6.3 软件系统界面

人机交互系统是实现人与计算机信息交换的媒介。首先要能实时显示各个设备的相关参数,以供观测各个设备的运行情况并及时做出反应。其次要实时显示运行、姿态等状态参数,掌握运行状态并及时对姿态进行调整。因此,人机交互软件界面主要由设备状态界面及运行姿态界面两部分组成。图4-34所示为微型水下观光机器人的人机交互界面,作为上位机显示界面,其主要用于显示观光机器人的内部环境、外部环境参数以及运行状态,显示系统主要是利用 LabVIEW 软件进行编写,通过 LabVIEW 的模块化编程语言可以快速地完成人机系统的搭建。

设备状态显示面板主要利用了 LabVIEW 中的 DAQ 数据采集模块,该模块可在系统运行时自动完成对数据采集卡的参数配置,并实现对温度传感器、压力传感器、速度传感器及陀螺仪等多种传感器采集的数据进行分析处理,实现舱室内气压、温度、下潜深度、运行速度、氧气含量及电池组电量等多种设备状态的可视化,便于操作人员监测管理。

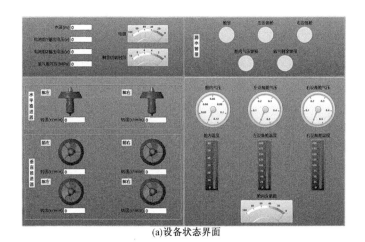

(a)设备状态界面

图4-34 软件系统人机界面

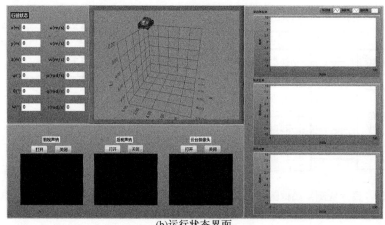

(b)运行状态界面

图 4 - 34(续)

行驶状态显示面板在利用 DAQ 数据采集模块对运行状态进行实时数据采集监测的同时,利用了 LabVIEW 中的 VISA 串口通信模块,实现了与外部监控设备(岸基)的通信,通过对串口模块的初始化,并且根据相应的硬件设备定义其通信协议,可实现对声呐监控设备进行开关控制。声呐和摄像头均采用了 ActiveX 控件,可实现调用声呐和摄像头插件程序,并利用属性节点对 ActiveX 控件进行设置,使声呐和摄像头等监视面板在需要时实现双击放大功能,方便操作者对潜水器的行驶环境进行实时监控。

4.6.4 推进器传递函数

微型观光机器人是在为水下作业,具有非线性、强耦合的特点。要使潜水器稳定地完成预定运动所需的控制系统,不仅需要具有响应快、超调小等响应特性,还需要具有一定的鲁棒性。依据动力学模型建立潜水器运动控制系统,基于 PID 控制、模糊控制理论开展潜水器运动控制系统研究,确定直航、定深、艏向运动的控制模型,并通过进行运动控制仿真实验,对基于模糊逻辑算法的自适应模糊 PID 控制器展开研究。

推进器产生的推力是由螺旋桨高速旋转排出流体而获得的反作用力,螺旋桨旋转运动是通过电机输出转速实现的。对于运动控制模型,实际控制量为电机的驱动输入量(模拟量或 PWM 数字量),故整个系统仿真需要建立电机和螺旋桨推进器各自的传递函数。根据式(4 - 41)、式(4 - 42)和式(4 - 43)建立螺旋桨推进器传递函数。在控制系统中常将电机的动态特性表示为一阶惯性环节:

$$G_{EM}(s) = \frac{K_E}{1 + T_E s} \qquad (4-45)$$

式中 K_E——电机放大系数;

T_E——电机时间常数。

其中,电机时间常数 T_E 是指电机从启动至转速达到空载转速 63.2% 的历时。电机放

大系数 K_E 是电机最大响应速度与驱动电压的比值。根据式(4-41)和式(4-42)可知推进器推力与转速为非线性关系,为了便于控制系统仿真算法研究,使用小偏差线性化方法将其线性化处理,即使用小范围在直线代替。可以得到下式:

$$\begin{cases} T = Cn \\ C = 2K_T\rho D^4 n_0 \end{cases} \tag{4-46}$$

式中 ρ——水的密度,kg/m^3;

D——螺旋桨直径,m;

n_0——螺旋桨转速,r/min。

将推进器选型相关参数代入,即可得到螺旋桨推进器系统的传递函数式(4-47)。

$$G_{EM}(s)G_P(s) = \frac{157}{1 + 1.32s} \tag{4-47}$$

4.6.5 系统传递函数

直航、下潜和转艏动力学模型中有速度平方项,属于非线性微分方程,具有饱和非线性特点,因此对其进行线性化处理。使用小偏差法进行处理可以得到控制量为推力、被控量为速度(位置)的传递函数:

$$\begin{cases} G_{UX}(s) = \dfrac{1}{4\,534s + 718.2} \\ G_{\zeta Z}(s) = \dfrac{1}{4\,534s^2 + 1\,368.4s} \\ G_{\psi N}(s) = \dfrac{1}{3\,267s^2 + 1\,497.6s} \end{cases} \tag{4-48}$$

结合螺旋桨推进器系统传递函数,可得直航、定深和转艏的系统传递函数。

直航传递函数(被控量为航速):

$$G_U(s) = \frac{1}{38.13s^2 + 34.924s + 4.57} \tag{4-49}$$

定深传递函数(被控量为深度):

$$G_Z(s) = \frac{1}{38.13s^3 + 40.384s^2 + 8.72s} \tag{4-50}$$

转艏传递函数(被控量为艏向角):

$$G_\psi(s) = \frac{1}{37.46s^3 + 33.40s^2 + 9.54s} \tag{4-51}$$

4.6.6 PID 控制仿真

PID 作为控制理论中最经典的控制方法,其结构简单和易于应用在工程领域等优点使其广泛应用于各种工控系统。图 4-35 为 PID 控制原理图,其控制原理就是将比例、微分和

积分三种控制作用通过线性组合作用到变差 $e(t)$ 上,最终实现控制量对被控量的控制过程,原理表达式如下:

$$u(t) = K_p\left[e(t) + \frac{1}{T_i}\int_0^t e(t)\,dt + T_d\frac{de(t)}{dt}\right] = K_p e(t) + K_i\int_0^t e(t)\,dt + K_d\frac{de(t)}{t}$$

$$(4-52)$$

式中　　K_p——比例增益系数;

　　　　T_d——微分时间常数;

　　　　T_i——积分时间常数;

　　　　$e(t)$——控制偏差。

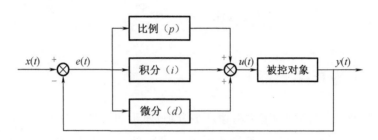

图 4 - 35　PID 控制原理

取式(4 - 49)直航传递函数搭建仿真模型,图 4 - 36 为仿真模型图。使用 PID 控制器时,经过多次调试得到了响应特性较好的一组参数,分别为 $K_p = 2\,000$、$K_i = 300$、$K_d = 600$,以此作为 PID 控制器的初始值。通过设定输入量幅值 $A = 0.25$、频率 $f = 0.05$ Hz 的正弦信号 $0.25\sin(0.1\pi t)$,取速度跟踪和速度误差跟踪进行分析。如图 4 - 37 为直航时速度跟踪曲线和误差跟踪曲线。

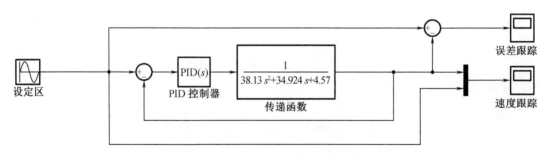

图 4 - 36　直航控制仿真模型 1

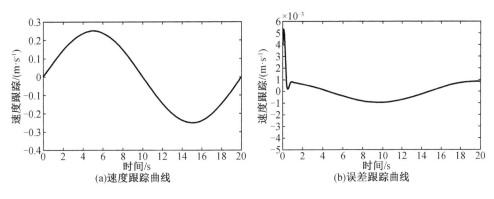

(a)速度跟踪曲线　　　　　　　　　　(b)误差跟踪曲线

图4-37　直航运动 PID 控制(无扰动)

通过结果可以看出,速度跟踪曲线可以很好地拟合期望速度变化曲线,在给定指令前 1 s 的跟踪误差相对较大,但是量级很小(10^{-3}量级),且随着时间增大,误差逐渐趋于零。因此,使用 PID 控制在无扰动情况下,可以很好地实现直航运动控制。但是由于实际工况为水下,受水流、海浪等环境因素的影响会使 PID 控制系统中常数项 K_p、K_i、K_d 失去原有的作用而失效。在保证常数项 K_p、K_i、K_d 不变的情况下,通过对仿真系统加入正弦扰动来分析控制系统的响应变化情况,如图4-38所示。

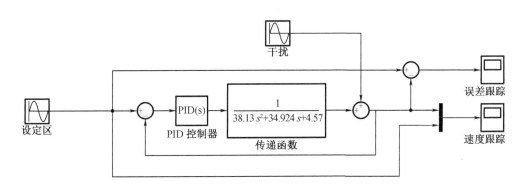

图4-38　直航控制仿真模型2

控制系统分别加入 $d_1(t) = 0.5\sin(0.2\pi t)$ 和 $d_2(t) = 0.5\sin(\pi t)$ 两种正弦扰动,并观察控制系统速度跟踪及误差跟踪情况。图4-39 所示为仿真结果。随着扰动幅值和频率的增加,期望的直航速度变化实际轨迹与期望轨迹偏差逐渐增大。

同样的,建立定深、转艏控制仿真模型,设定被控量期望值仍为幅值 $A = 0.25$、频率 $f = 0.05$ Hz 的正弦信号 $0.25\sin(0.1\pi t)$,扰动选取幅值与 $d_2(t)$ 相等、频率不同的正弦扰动 $d_3(t) = 0.5\sin(0.4\pi t)$,进行仿真分析,仿真结果如图4-40、图4-41 所示。

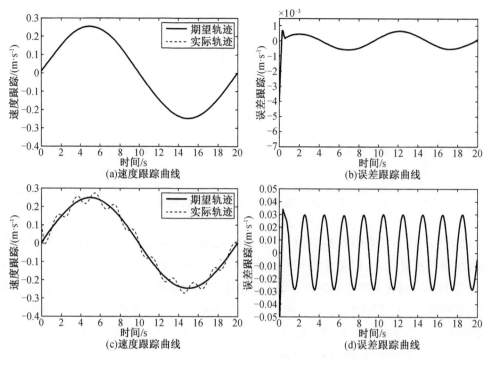

图 4－39　直航运动 PID 控制（正弦扰动 $d2(t)$）

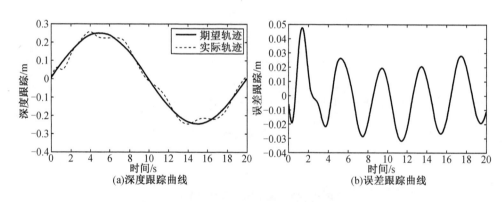

图 4－40　定深运动 PID 控制（正弦扰动 $d_3(t)$）

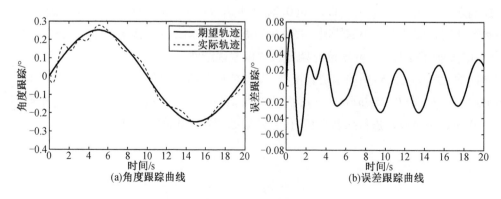

图 4－41　转艏运动 PID 控制（正弦扰动 $d_3(t)$）

综合三个运动控制模型的仿真结果可以发现:控制量为速度的直航控制模型,传递函数为二阶,相对于控制量为位置的定深、转艏三阶模型,对于扰动的响应具有周期性变化趋势,且误差相对较小。但是,在扰动较大的情况下,传统 PID 控制已经无法满足速度控制需要。寻求根据不同扰动情况在线整定的 PID 控制,对于运动控制系统,需要适应能力强且可以参数自整定的 PID 控制系统。

4.6.7　模糊 PID 控制仿真

基于模糊逻辑设计模糊控制器(fuzzy controller,FC),根据控制偏差 e 实时对 PID 三个参数进行调整。在 FC 中需要先将输入的清晰量进行模糊化处理,经过模糊逻辑推理后得到模糊量并对其进行清晰化处理,最终得出控制量。因此,FC 主要由三部分组成:模糊化模块(D/F)、近似推理模块和清晰化模块(D/F)。输入 FC 的独立变量 x 通常被看作向量,其分量的个数被称为 FC 的维数。使用 FC 结合 PID 控制器,输入的独立变量为设定期望值与反馈实际值的偏差 e。若只使用 e 一项进行调控,此时 x 为单分量向量,控制器称为一维 FC 控制器。一维 FC 常用于一阶受控对象,较难反映受控过程输出变量的动态特性,系统模型若大于二阶,则应选用二维 FC。二维 FC 常取 e 和它的变化率 $ec = de/dt$,三维 FC 则增加分量 $ecc = dec/dtc$。

虽然 FC 的维数越高会使控制器的精度越高,相应地会导致近似推理模块中规则库数量增多,从而使推理运算复杂化,二维 FC 已能满足实际工程应用,故选取二维 FC 结合 PID 设计器运动控制系统。

如图 4 - 42 所示,在传统 PID 控制中加入模糊逻辑推理器,偏差 $e(t)$ 通过模糊推理进而得到当前偏差下适合的控制参数变化量 $(\Delta K_p、\Delta K_i、\Delta K_d)$,最终通过参数变化量对原 K_p、K_i、K_d 进行整定。对于模糊控制的实际应用,首先采样得到 e 和 ec 的模糊值,通过制定的模糊规则表(知识库)计算得到针对控制变量的调整值,进而得到最终的控制变量并进行相应的控制,如图 4 - 43 所示。

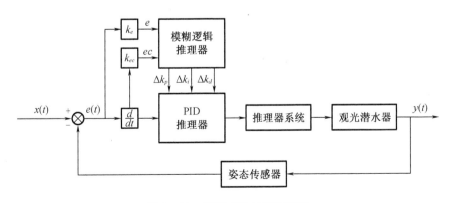

图 4 - 42　模糊 PID 控制原理图

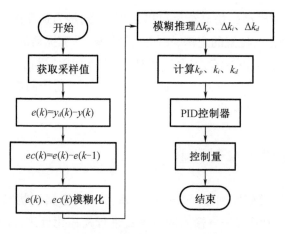

图 4 - 43　模糊 PID 工作流程图

模糊控制中有很多模糊逻辑推理算法,其中 Mamdani 推理是最常见的推理算法,它不要求输入量与输出量有确定的线性或者非线性关系,模糊 PID 对 K_p、K_i、K_d 的调节与 e、ec 间没有确定的函数关系,故使用 Mamdani 推理算法。

4.6.8　模糊规则

$$
\begin{cases}
k_e = \dfrac{2m}{e_H - e_L} \\[2mm]
k_{ec} = \dfrac{2n}{ec_H - ec_L} \\[2mm]
k_u = \dfrac{u_H - u_L}{2l}
\end{cases}
\tag{4 - 53}
$$

式中　m——误差的模糊论域区间大小;

　　　n——偏差的模糊论域区间大小;

　　　l——控制量模糊论域区间大小。

控制运动的反馈量为姿态传感器回传的姿态角、潜水器各方向的加速度和深度传感器回传的深度值。引入量化因子(k_e、k_{ec})、比例因子(k_u)实现对清晰值进行比例变换。模糊变化(D/F)将清晰值映射到模糊子集 $A_k(k = 1, 2, 3, \cdots, n)$。其中($k_e$、$k_{ec}$)和($k_u$)分别对应 D/F 和 F/D 两个过程。若模糊输入值对应的连续变量分别为 $e = [e_L, e_H]$、$ec = [ec_L, ec_H]$,其中输出控制量为 $u = [u_L, u_H]$,则有式(4 - 53)。

模糊推理器的输入量 E 和 EC 为

$$
\begin{cases}
E = \left< k_e \left(e - \dfrac{e_H + e_L}{2} \right) \right> \\[2mm]
EC = \left< k_{ec} \left(ec - \dfrac{ec_H + ec_L}{2} \right) \right>
\end{cases}
\tag{4 - 54}
$$

式中　$< >$——取整运算。

实际控制量为

$$u = k_u U + \frac{u_H + u_L}{2} \tag{4-55}$$

定义语言变量值和隶属函数,三角函数表达式:

$$f(x,a,b,c) = \begin{cases} \dfrac{1}{b-a}(x-a), a \leqslant x \leqslant b \\ \dfrac{1}{b-c}(x-c), b \leqslant x \leqslant c \end{cases} \tag{4-56}$$

高斯函数表达式:

$$f(x,\sigma,c) = e^{-\frac{(x-c)^2}{2\sigma^2}} \tag{4-57}$$

式中　c——函数中心值;

　　　σ——函数宽度。

语言变量的值会在其论域范围内划分为几个挡位,对于论域中挡位数是没有固定要求的,但是挡位数越多,规则库内的规则越多,也越复杂,针对工控领域其编程也越困难,实现效率低;反之,挡位数越少,虽然易于实现,但规则库内的规则少,处理控制量精确度低。故需要根据实际情况进行论域挡位的选择。将语言变量值均划分为七个模糊集合,即{NB,NM,NS,ZO,PS,PM,PB}。设置 e、ec、ΔK_p、ΔK_i、ΔK_d 论域均为{-3,-2,-1,0,1,2,3}。偏差 e 和偏差变化率 ec 隶属函数使用控制曲线较为光滑的高斯曲线,如式(4-12)所示;ΔK_p、ΔK_i、ΔK_d 使用三角函数,如式(4-57)所示。分别建立 ΔK_p、ΔK_i、ΔK_d 的模糊控制规则,如表 4-16、表 4-17 和表 4-18 所示。

实际应用中 F/D 的方法主要有:加权平均法、最大隶属法和重心法。通过最大隶属法可求得 PID 参数增量 ΔK_p、ΔK_i、ΔK_d 的模糊控制响应精确值。

通过以上模糊 PID 控制核心运算,得出最终 PID 参数的整定矩阵,控制系统通过查询调用实现参数动态修正。K_p、K_i、K_d 参数整定算法如下:

$$\begin{cases} K_p = K_p' + \{e,ec\} K_p = K_P' + \Delta K_p \\ K_i = K_i' + \{e,ec\} K_i = K_i' + \Delta K_i \\ K_d = K_d' + \{e,ec\} K_d = K_d' + \Delta K_d \end{cases} \tag{4-58}$$

式中　K_p、K_i、K_d——PID 控制器调节参数;

　　　K_p'、K_i'、K_d'——PID 控制器参数初始值;

　　　ΔK_p、ΔK_i、ΔK_d——PID 控制器参数调节量。

表 4 – 16　ΔK_p 规则

ΔK_p		e						
		NB	NM	NS	ZO	PS	PM	PB
ec	NB	PB	PB	PB	PM	PS	ZO	NS
	NM	PB	PB	PM	PS	ZO	NS	NM
	NS	PB	PM	PM	PS	NS	NM	NB
	ZO	ZO	ZO	ZO	ZO	ZO	ZO	ZO
	PS	NB	NM	NS	PS	NS	NM	NB
	PM	NM	NS	ZO	PS	PM	PB	PB
	PB	NS	ZO	PM	PB	PB	PB	PB

表 4 – 17　ΔK_i 规则

ΔK_i		e						
		NB	NM	NS	ZO	PS	PM	PB
ec	NB	PB	PB	PB	PM	NS	NM	NB
	NM	PB	PB	PM	PS	NM	NM	NB
	NS	PB	PM	PS	PS	NM	NB	NB
	ZO	ZO	ZO	ZO	ZO	ZO	ZO	ZO
	PS	NB	NM	NM	PM	PM	PB	PB
	PM	NB	NM	NM	PM	PM	PB	PB
	PB	NB	NM	NS	PM	PB	PB	PB

表 4 – 18　ΔK_d 规则

ΔK_d		e						
		NB	NM	NS	ZO	PS	PM	PB
ec	NB	PB	PB	PM	NB	NB	NM	NS
	NM	PB	PM	PM	NM	ZO	PS	PM
	NS	PB	PM	PS	NS	PS	PM	PB
	ZO	PS	ZO	ZO	ZO	ZO	ZO	NS
	PS	PB	PM	PS	NS	PS	PM	PB
	PM	PM	PS	ZO	PS	PM	PB	PB
	PB	NS	NM	NB	NB	PB	PB	PB

4.6.9 模糊 PID 控制仿真结果

误差跟踪分析作为衡量控制系统优劣的一种方法,反映系统的控制精度,而对于系统的动态特性,使用阶跃信号作为输入,观察零初始状态下的系统响应,通过扰动情况下系统响应误差来分析控制系统的鲁棒性。使用单位阶跃输入,以上升时间、调节时间、峰值时间、超调量、稳态误差等指标,对比传统 PID 来衡量模糊 PID 的动态特性。图 4-44、4-45 分别为直航运动时扰动误差跟踪仿真模型和阶跃响应仿真模型。定深、转舵运动仿真模型只有传递函数与直航模式不同,其余一致。

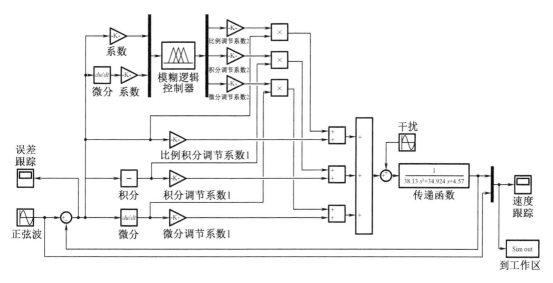

图 4-44 扰动误差跟踪仿真模型

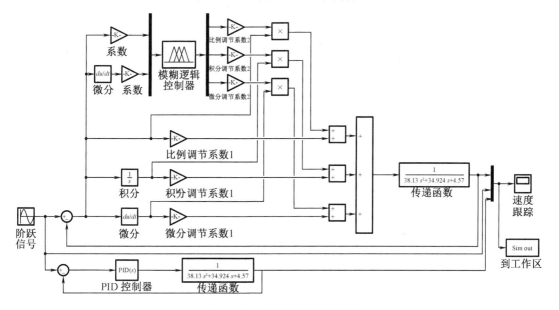

图 4-45 阶跃响应仿真模型

直接加入扰动项进行研究,为了与传统 PID 控制进行对比分析,仍然设定输入量为幅值 $A = 0.25$、频率 $f = 0.05$ Hz 的正弦信号 $0.25\sin(0.1\pi t)$,直接加入幅值更高的扰动项 $d_4(t) = \sin(0.4\pi t)$。为便于对比分析,纵坐标选取量级与传统 PID 设置一致。可以得到直航模式模糊 PID 空隙的仿真结果,如图 4 - 46 所示。

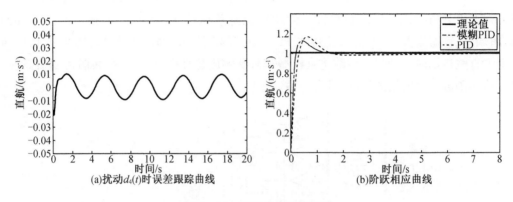

图 4 - 46   直航模式仿真结果

从扰动 $d_4(t) = \sin(0.4\pi t)$ 的误差跟踪曲线中可以看出,模糊 PID 控制的误差跟踪效果更好,只有开始时刻有微小偏差。虽然整体误差跟踪曲线仍有微小波动,但是误差值在 ± 0.01 m/s 间波动,较传统 PID 有明显的抗干扰能力,鲁棒性好。从单位阶跃响应曲线图中可以计算得出:直航模糊 PID 控制的动态特性指标分别为上升时间 $t_r = 0.56$ s,调节时间 $t_s = 1.52$ s,超调量 $\sigma = 18.1\%$。相比传统 PID 控制,直航模糊 PID 控制具有小超调量、快响应速度的动态特性。

同理,使用正选扰动 $d_4(t) = \sin(0.4\pi t)$ 对潜水器定深和转艏运动控制模型进行误差跟踪分析,并对二者做阶跃响应,分析其控制的动态特性,仿真结果如图 4 - 47 和图 4 - 48 所示。

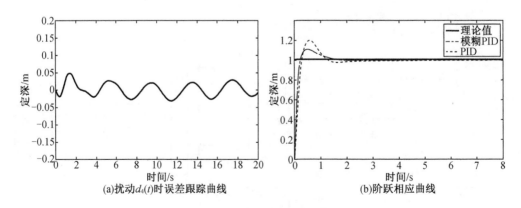

图 4 - 47   定深模式仿真结果

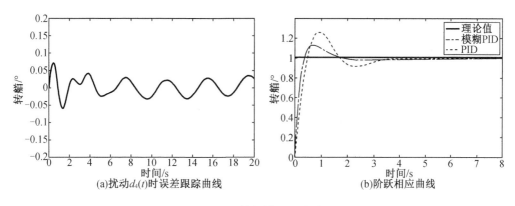

图 4 – 48　转艏模式仿真结果

从仿真分析结果中可以看出,对于定深、转艏运动模式,模糊 PID 控制的误差跟踪效果更好,且只有开始时刻有微小偏差,后逐渐趋于动态稳定。虽然整体误差跟踪曲线仍有微小波动,但是误差值在 ±0.05 m/s 间波动,较传统 PID 具有明显的抗干扰能力,鲁棒性好。从单位阶跃响应曲线图中可以计算得出:定深模糊 PID 控制的动态特性指标分别为上升时间 $t_r = 0.32$ s,调节时间 $t_s = 2.32$ s,超调量 $\sigma = 20.1\%$;艏向模糊 PID 控制的动态特性指标为 $t_r = 0.76$ s,调节时间 $t_s = 2.67$ s,超调量 $\sigma = 21.2\%$。

相比传统 PID 控制,模糊 PID 控制器具有较高鲁棒性,且具有超调量小、响应速度快等动态特性,能更好地满足观光潜水器运动控制的需要。

4.7　微型水下观光机器人物理模型实验

研制微型水下观光机器人物理模型样机,通过模型拖拽实验验算水动力研究结果。进行模型水下直航、定深、转艏和综合运动等实验,通过实验采集的数据研究机器人操纵性与控制系统的鲁棒性。

4.7.1　机器人物理实验模型

研制的机器人物理实验模型如图 4 – 49 所示,其球壳舱室为等比缩小的亚克力球壳,两半球壳间使用 O 形圈进行密封;骨架材料为 304 不锈钢,使用金属密封平垫片通过螺栓进行连接;两侧是材料为 ABS 的 3D 打印部件,用于模拟实际机器人的浮沉气囊;同时,还包括部分水下行进不可忽略的附体质量,如设备仪器舱室、供氧系统模型等。推进器系统布置水平推进器布置 2 台、垂直推进器布置 4 台。

图 4 – 49　物理模型实物图

测试传感系统说明如下:通信格式转换为 Modbus 协议(主从机间、六轴姿态传感器等);运动控制系统偏差作用的模糊规则,反模糊化后控制量由原模拟量变为数字量(PWM占空比)、电机极限转速限制等部分。球壳内部为实验模型的控制系统,主要包括控制器(下位机)、数据采集板卡、六轴姿态传感器,六个推进驱动器和舱室外部搭载深度传感器。实验通过基于 LabVIEW 搭建的上位机进行指令输出,下位机指令接收信号后为推进器的驱动器发送控制信号,传感器测量姿态及水压等信息由数据板卡收集并通过下位机进行闭环控制,最终将运动状态等信息统一传输给上位机,由上位机人机交互界面实时显示及观测。模型实验使用的控制系统主要包含初始化模块、异常(故障)处理模块、运动控制模块和数据采集模块,各部分程序流程图如图 4 – 50 所示。

微型观光机器人物理模型的实验场地(实验在哈尔滨工程大学 61 号楼的水池实验室进行,水池长度 8 m,宽度 4 m,深度 5 m)如图 4 – 51 所示。实验分为两部分内容,分别为模型拖拽实验和运动实验。每次实验后需要等待水池重新处于静止状态再进行下次实验,保证实验得出的结果独立且准确。上位机为 PC 机,使用前文潜水器运行状态监测界面作为潜水器运动实验的数据采集系统。

4.7.2　机器人物理模型拖曳实验

机器人物理模型拖拽实验是将机器人固定,通过拖拽机构使其做单方向的匀速平移运动,匀速运动条件下机器人水下所受合力为零,可以测得行进速度与阻力间的关系。设计的拖拽实验原理如图 4 – 52 所示,机器人物理模型固定于支架上,电机转动带动直线副做平移运动,采用固连在直线副上的扭矩传感器来测量机器人物理模型所受阻力。然后由式(4 – 59)计算阻力:

$$F_\Delta = \frac{T}{h} \tag{4 – 59}$$

式中　F_Δ——方向匀速运动阻力值,N;

　　　h——力臂,m;

　　　T——扭矩传感器测量值,N·m。

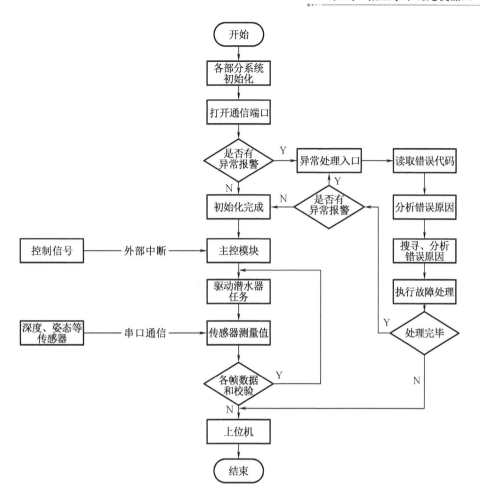

图 4 - 50   程序流程图

图 4 - 51   实验场地

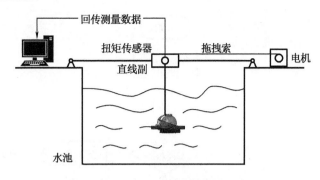

图 4 - 52　拖拽实验原理

实验所得数据结果,如表 4 - 19 所示。取物理模型实验数据结果中的阻力作为因变量,航速作为自变量,进行最小二乘法拟合,可以得到如图 4 - 53 所示的拟合曲线。

表 4 - 19　拖拽实验阻力结果

速度/$(\mathrm{m \cdot s^{-1}})$	直航阻力/N	下潜阻力/N
0.4	-5.3	-8.4
0.6	-10.1	-18.8
0.8	-17.4	-32.1
1.0	-27.2	-52.2
1.2	-39.2	-73.1

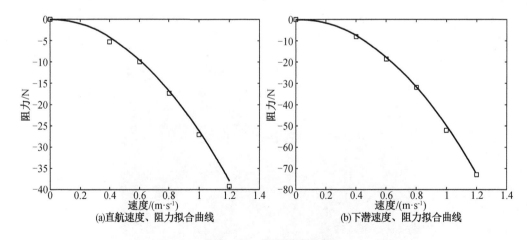

(a)直航速度、阻力拟合曲线　　　(b)下潜速度、阻力拟合曲线

图 4 - 53　数据拟合曲线

取拟合曲线表达式的平方项系数,根据式(4 - 33)计算得出直航、下潜两方向的无因次水动力系数为 $X'_{uu} = -0.192\,3$、$Z'_{uu} = -0.371\,4$。与第 3 章仿真实验计算结果对比可以得到表 4 - 20 所示的误差。根据误差计算可以得出结论:模型试验与仿真计算得出的数据误差在 5% ~ 10%,虽然存在误差,但无因次水动力系数本身数值量级很小,因此对真实潜水器动力学计算影响很小,由此可见有关水动力研究结果是可靠、准确的。

表 4 - 20　结果误差分析

参数	仿真计算结果	模型实验结果	误差
X'_{uu}	- 0.187 2	- 0.192 3	6.01%
Z'_{uu}	- 0.342 1	- 0.371 4	8.56%

4.7.3　机器人物理模型直航实验

开展潜水器直航运动实验,潜水器直航运动主要包含两部分控制单元:定航速控制与定艏向角控制,分别对应直航控制系统的速度闭环和位置闭环。针对定速直航控制,设定速度期望值,通过六轴传感器测得前进方向(x轴)的加速度并进行一次积分得到速度,将两者偏差变化情况根据所在模糊集合进行校偏动作,最终获得水平推进器的控制量,进而实现定航速运动。实验设定艏向角期望值为零(保证直航状态),通过六轴传感器测出艏向角度,两者偏差进行模糊集合校偏动作,通过控制水平矢量推进器各自的控制量改变各自的推进力,从而保证精确实现物理模型直航运动。

设定直航期望速度分别为 0.2、0.4、0.6 m/s,进行三组实验,图 4 - 54(a)、(b)分别为全潜和半潜直航速度 0.4 m/s 时的实验视频截图。使用人机交互系统保存实验数据并记录显示,可以得到如图 4 - 55 所示的全潜式、半潜式直航速度变化曲线。取水池宽度方向为 x 轴,长度方向为 y 轴,机器人物理模型的舱盖中心处作为位置标记点,分别绘制速度为 0.4 m/s 时的直航运动轨迹曲线,如图 4 - 56 所示。

由图 4 - 55 可以看出:全潜式直航运动,期望速度越小,达到稳定速度的时间越短,且运动更加平稳。实验结果表明:机器人物理模型处于全潜状态时可以很好地实现定速直航运动。半潜式直航运动试验与全潜式直航运动实验的区别是运动平面由水下升至自由液面,运动控制系统与全潜式一致,实验过程基本一致。相对于全潜式直航运动,半潜式达到速度期望值的时间更短,由于自由液面两侧的流体、空气产生了两相流间的兴波,运动过程相对不稳定,表现为速度波动较大,但是可以实现定航速运动。同样由于兴波阻力的影响,与全潜式相比半潜式运动轨迹与期望轨迹间的偏差大,整体直航运动情况不够稳定,但是从偏航数值及速度波动幅值上来看,可以较稳定地实现半潜式直航运动。如图 4 - 54(c)所示,为两水平推进器反转实现模型的后退运动。由于推进器反转产生反向推力的效率较低,因此整体后退速度较慢,但是可以稳定实现后退运动。

图 4 - 56 中实线为实际轨迹曲线,虽然与期望轨迹曲线存在一定的偏差,但是整体运动过程基本处于一条直线,且误差较小。

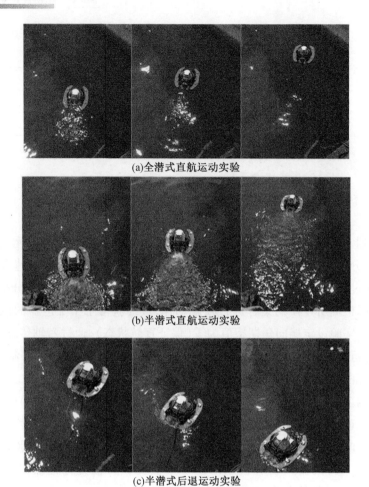

(a)全潜式直航运动实验

(b)半潜式直航运动实验

(c)半潜式后退运动实验

图4－54　物理模型直航实验

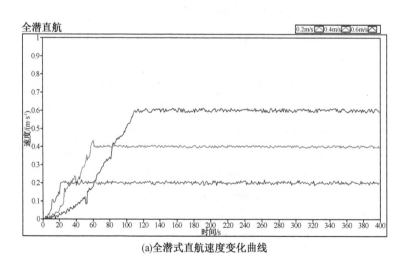

(a)全潜式直航速度变化曲线

图4－55　速度变化曲线图

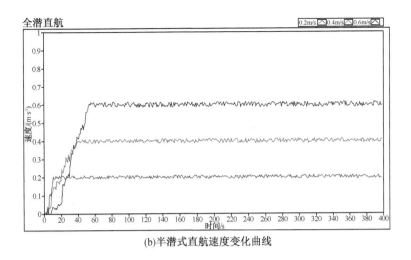

(b)半潜式直航速度变化曲线

图4-55(续)

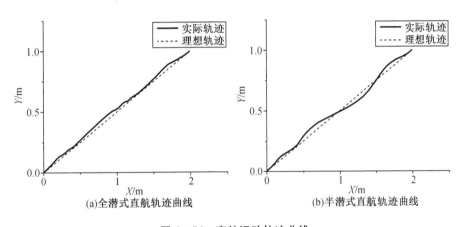

(a)全潜式直航轨迹曲线   (b)半潜式直航轨迹曲线

图4-56 直航运动轨迹曲线

4.7.4 机器人物理模型定深实验

机器人物理模型通过4台垂直推进器综合控制,完成下潜运动。下潜过程中传感器测得姿态角,通过姿态角变化控制4台垂直推进器不同转速调节整体姿态。4台矢量推进器在垂直方向上的分力用于抵抗下潜阻力,水平方向分力可以保证姿态稳定。

根据设定期望深度与深度传感器测出实际深度的偏差进行模糊校偏,获得推进器的控制量实现下潜运动。进行潜水器不同深度的模型下潜和定深悬停实验,以0.6 m为间隔分别下潜至0.6 m、1.2 m、1.8 m,下潜至设定值后悬停5 s。如图4-57(a)、(b)所示分别为实验截图及深度变化曲线。从下潜深度曲线可以看出:在下潜运动开始时潜水器运动状态相对不稳定,下潜至设定深度值后,虽然悬停时有小幅度波动,但是整体位移曲线平稳,且悬停过程深度传感器测出的深度值稳定。

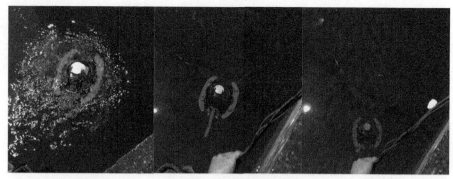

(a)下潜、定深悬停运动实验

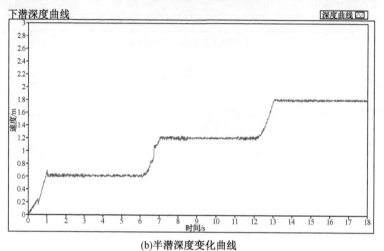

(b)半潜深度变化曲线

图4-57 物理模型定深实验

4.7.5 机器人物理模型转艏实验

如图4-58所示为水平矢量推进器单推进器工作时机器人物理模型的转艏运动实验截图。转艏运动通过改变2台水平推进器的转速完成,也可控制单推进器完成转艏运动。

以转艏90°为控制期望值,根据推进器不同转速,测量其转艏半径与完成运动所需时间,实验结果如表4-21所示,将结果绘制如图4-59所示的曲线。

由关系曲线图4-59可以得出结论:推进器转速与潜水器完成90°转艏运动所需时间和转弯半径均为非线性关系,随着推进器转速提高,完成转艏运动所需时间越少,但是相对的转弯半径却越大。

如图4-60所示为推进器全功率工作完成90°转艏运动的 xy 平面运动轨迹和艏向角变化情况曲线,可以看到在转艏过程中,推进器运动平缓,艏向角无明显突变。实验结果表明:推进器矢量布置及运动控制系统可以较好地完成其转艏运动。

图 4-58 转艏运动实验

表 4-21 转艏运动实验结果

推进器转速/(r·min^{-1})	转弯半径/m	时间/s
50	0.011	3.21
100	0.025	2.79
150	0.042	2.37
200	0.065	1.96
250	0.096	1.72
300	0.123	1.55
350	0.148	1.38
400	0.196	1.08
450	0.225	0.82
500	0.301	0.79

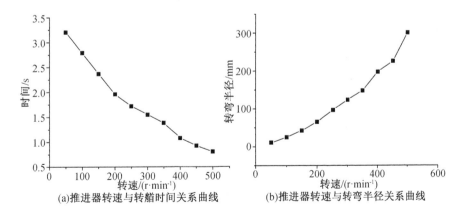

(a)推进器转速与转艏时间关系曲线   (b)推进器转速与转弯半径关系曲线

图 4-59 转艏运动实验结果曲线

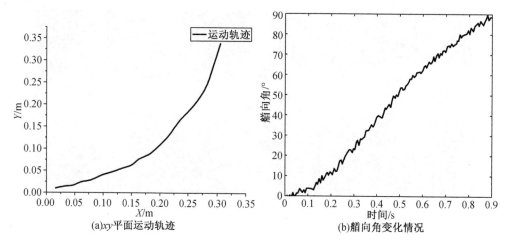

图 4 – 60 运动轨迹和艏向角

4.7.6 机器人物理模型综合运动实验

开展机器人物理模型综合运动实验,在实验过程中添加人为水流扰动,观测整体运动情况及自身姿态变化情况。

设定潜水器首先进行定深运动至 1.2 m 水深,然后以 0.4 m/s 速度进行直航运动,并在 1.2 m 定深和 0.4 m/s 定航速运动两个闭环控制条件下加入人为水流扰动,最后完成转向 90°的转艏运动。采集实验过程潜水器行进速度、深度及姿态角度数据,可以得到如图 4 – 61 所示的曲线图。

如图 4 – 61(a)所示,进行运动状态变化时速度曲线变化明显,当进行转艏运动时,由于水平矢量推进器为单推进器工作,因此速度衰减明显。在受到外界水流干扰时会有明显速度衰减,并由控制系统进行调节使其快速到达期望航速。

如图 4 – 61(b)所示,在下潜过程中深度值变化率不固定,当完成下潜运动处于定深阶段时可以稳定地保持定深状态。受到水流干扰时,潜水器深度变化曲线仅表现出波动变化,无突变、跳变等情况。

如图 4 – 61(c)所示,稳定航行及下潜过程具有很好的姿态控制能力,当受到水流干扰后姿态变化明显,由控制系统对 4 台垂向矢量推进器对姿态进行调整,且调整响应快、效果好。当进行转艏运动时,由于单推进器工作产生的推力及电机输出轴反作用力产生的扭矩导致整体姿态度有微小的波动。实验表明:直航、定深和转艏三部分运动控制系统具有较好的抗干扰能力及鲁棒性。

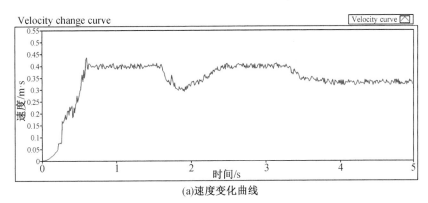

(a)速度变化曲线

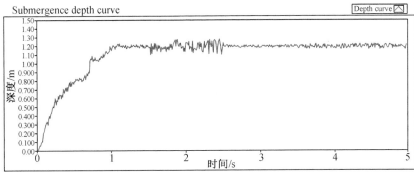

(b)速度变化曲线

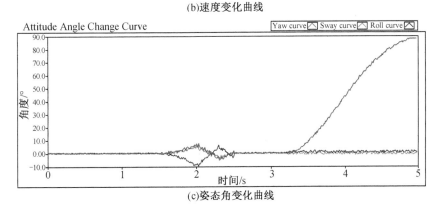

(c)姿态角变化曲线

图 4 – 61 综合运动实验

第5章 仿潜水员机器人

仿潜水员机器人是水中仿生机器人的一种特种机器人,我们可以给它命名为"水鬼"机器人,它是模仿潜水员的工作原理,替代潜水员来完成潜水员在水中的作业。

5.1 仿潜水员机器人的应用

从20世纪后期开始,随着陆地资源日益减少,人类逐渐认识到探索和开发海洋资源对人类未来发展与生存的重要性,进而人类在水下活动的频率逐渐增大及活动的目的逐渐多样化。水中仿生机器人在水下活动中起着重要的作用,因此仿潜水员机器人具有广阔的应用前景与重要的开发价值。

在传统型水下机器人驱动技术发展中,主要采用螺旋桨驱动方式的居多,其动力源控制简单,有些外形尺寸庞大,影响其在水中小空间范围内的移动与作业。为了进一步满足在水下小空间、小范围内移动和作业的需求,仿生型水下机器人成为各国水下机器人研究领域的热门课题。

随着陆地油气资源逐渐减少,全球各国大力对海洋油气资源进行探索和开采。近百年来,经世界各国不断地在海上探测,发现约1 600个海洋油气田,有近300个已正式投入生产。由于海洋环境相比于陆地非常恶劣,在海洋油气田的勘探、开发和生产过程中会发生一些灾难性的油气田泄漏事故,以及水下平台、设备和导管架结构需要经常维护。这些水下平台、设备、导管架结构的维护和油气田泄漏事故的救援,研发的水下机器人目前无法满足维护和救援等工作,仍然需要专业潜水员来完成。

除此之外,潜水员也承担着水下打捞的重要任务。人类在海上活动频率逐渐增加,进而大型船舶遇难事件也频繁出现。根据EMSA(欧洲海事安全局)统计报道,近10年来发生的海上船舶遇难事故约为2.3万起,例如:俄罗斯客轮"布加尔"号在伏尔加河侧翻、中国客轮"东方之星"号在长江遇难等。这些大型船舶遇难之后的搜救和打捞工作都需要潜水员来完成。"东方之星"打捞现场如图5-1所示。

受高海况条件及不可预见环境影响,船舶在使用中的各种不确定性因素导致船舶的可靠性极为重要,船舶搁浅及船舶事故威胁着国家、人民生命和财产安全。出现事故如何实施救护,需要探索新的船舶救护方法,目前,在极端条件下的水下人员救护主要还是依赖潜水员,由于潜水员受水下作业时间、水深影响,会出现"高压神经综合征",大深度时甚至会发生震颤、恶心、呕吐、脑电图异常等神经功能紊乱。

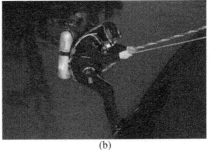

(a)　　　　　　　　　　　　　　(b)

图 5 - 1　潜水员救援现场范例

因此,针对船舶救生世界性难题,采用机器人技术参与船舶救助和打捞,并将人 - 机协调、多体共融理论等应用到机器人技术中是船舶救助开发领域一个新的研究方向,仿生水下救助机器人便应运而生。

由于人类涉及水下生产和生活领域对潜水技术的需求,因此工程潜水技术不断地发展,故潜水员的饱和潜水技术孕育而生并被广泛应用,且世界各国对这项技术非常重视。目前,我国安全潜水深度已达到 300 m,但并不能满足深海的作业要求。同时,饱和潜水的潜水员长时间处于高压力的工作环境中,潜水员会患有急性减压病。潜水员患有减压病的概率随着下潜深度的增加而增高,当潜水员的下潜深度大于 300 m 时,患病率高达 22%。这种由减压不当导致的急性减压病对潜水员危害极大,甚至危及潜水员的生命安全。

潜水员在水下海洋油气勘探,生产的设备维护和大型海难事件的救援、打捞中又是必不可少的一部分,并起着重要的作用。因此,研制一款仿潜水员机器人("水鬼"机器人)来替代潜水员具有重要的意义。

5.2　仿潜水员机器人的国内外发展现状

2016 年 4 月,美国斯坦福大学 Oussama Khatib 研究团队在法国南部进行考察,探测位于水下 100 多米的沉船 La Lune,由于大部分潜水员难以到达,故采用类人型潜艇机器人 Ocean One(如图 5 - 2 所示)来完成。Ocean One 是类人机器人手与水下遥控潜水器结合,采用 8 个螺旋桨推进方式,通过远程操作执行水下任务,Ocean One 提供了在狭窄空间内进行作业的水下机器人设计案例,Ocean One 从其结构来看还是属于螺旋桨推进应用。

研制完全仿生式的仿潜水员机器人可以借鉴类人型机器人。类人机器人(如图 5 - 3 所示)研究始于 20 世纪 60 年代末,1968 年,美国通用电气公司制作一台名叫 Rig 的操纵型二足步行机构,从而揭开了类人机器人的研究序幕。Atlas 是由波士顿动力公司为美军开发的,是目前公认最先进的人形机器人,能在户外恶劣的地形下作业。Romeo 是法国 Aldebaran 帮助缺乏自理能力人研发的产品。伊朗德黑兰大学开发可在恶劣条件下保持平衡的 Surena3。ASIMO 是日本本田开发的服务机器人,HRP - 4C 由日本产业技术综合研究所研发,会说话,能歌善舞。HUBO 由韩国研发,可和人类交谈。

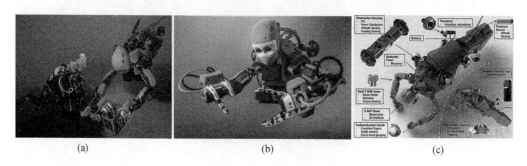

(a)   (b)   (c)

图 5 - 2　Ocean One

　　我国研究类人机器人部分如图 5 - 2 所示,哈尔滨工业大学从 1985 年开始,先后研制了 HIT 系列机器人,其中 HIT - Ⅲ 型能完成前后、侧行、转弯、上下楼梯及上斜坡等动作。国防科技大学研制出"先行者"和无缆 NUDT 机器人,可在偏差较小的不确定环境中行走。清华大学研制出 THBIP - Ⅰ、Ⅱ、Ⅲ 型机器人,可实现平地、上下楼梯稳定行走和小型化系统集成。北京理工大学研制 BHR 型和"汇童"机器人,"汇童"机器人具有视觉、语音、力觉和平衡觉等功能,能进行前行、后退、左右移动、转弯、上下楼梯等运动,成功模仿人类刀术和太极拳等复杂运动。

　　目前,国内外所研制的仿人形机器人可实现自动避障、自主步态行走的下肢体运动和一些复杂的抓取、躲闪、打击等上肢体动作;但是,在结构方面采用串联结构、自由度多、控制程序复杂,输出端精度和自重负荷比小,而且无法实现水下运动,以及工程应用价值不高。国外仅有的外形与人形相似且可实现水下运动的 Ocean One,只是单纯在外形仿人,其推进方式仍未摆脱传统的螺旋桨推进,并非真正的仿潜水员机器人。

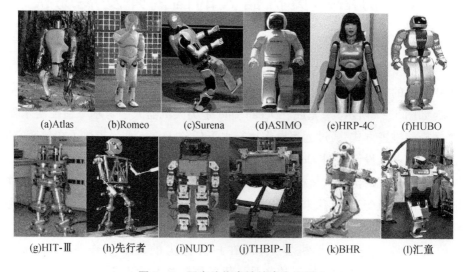

(a)Atlas   (b)Romeo   (c)Surena   (d)ASIMO   (e)HRP-4C   (f)HUBO

(g)HIT-Ⅲ   (h)先行者   (i)NUDT   (j)THBIP-Ⅱ   (k)BHR   (l)汇童

图 5 - 3　国内外代表性的类人机器人

5.3　仿潜水员机器人的结构设计

通过对潜水员游动机理的研究和水下运动情况的分析,完成了仿潜水员机器人总体方案研究、本体结构的设计、驱动元件的选型和机器人稳定性分析,以及平衡调整。

基于总体结构研究结果完成了机器人静力学分析与水下运动性能分析;根据挠度计算叠加原理对腿部结构进行刚度分析和根据材料屈服准则对头部结构进行强度分析,完成了二者强度、刚度的校核。

5.3.1　游动机理和仿潜水员机器人设计指标

对潜水员的游动机理和水下运动情况进行研究与分析,制定仿潜水员机器人的游动姿态和具体设计参数指标。

潜水员在水下作业和游动时,腿部执行推进与游动的任务、手部执行作业任务,同时必须保证不破坏身体平衡和中心浮力,满足此条件的潜泳姿态主要有海豚踢和小铲水泳姿,二者腿部摆动简单、身体平稳性好。其中,海豚踢泳姿的特点为潜水员左、右腿同步进行踢腿与收腿运动,而小铲水游姿的特点为潜水员左、右腿交错,进行踢腿、收腿运动;但是,二者的单腿摆动规律相同、摆动周期约为 1.5 s,在游动过程中身体与大腿保持平行且固定不动、大腿分开与肩部同宽。由于海豚踢泳姿双腿为同步摆动,便于观察腿部运动规律。因此,将基于海豚踢泳姿对潜水员腿部摆动进行观察与分析,如图 5-4 所示,为海豚踢泳姿在一个运动周期内的分解示意图。

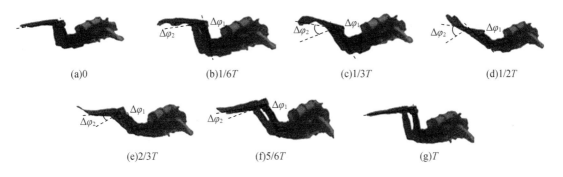

图 5-4　基于海豚踢泳姿的潜水员腿部运动分解

从图 5-4 中可以看出,潜水员腿部摆动分为踢腿过程和收腿过程。其中,踢腿运动分解图示为图 5-4(a)至图 5-4(d),小腿在踢腿过程中从相对于大腿90°位置运动至120°并带动脚蹼向下压水;收腿运动分解图示为图 5-4(d)至图 5-4(g),小腿在收腿过程中从相对于大腿120°位置运动至90°并带动脚蹼回到起始位置。同时,腿部摆动过程中小腿相对

于大腿运动角度 $\Delta\varphi_1$ 始终保持与脚蹼相对于小腿运动角度 $\Delta\varphi_2$ 约为 $1:1.5$ 的比例,且 $0\leqslant$ $\Delta\varphi_1<30°$。

研制仿潜水员机器人可以基于海豚踢泳姿和小铲水泳姿进行系统性的设计与研究,设定基于海豚踢泳姿和小铲水泳姿的仿潜水员机器人单腿运动规律为腿部运动周期 $T=1.5$ s,小腿摆幅 $\Delta\varphi_1=30°$、脚蹼摆幅 $\Delta\varphi_2=45°$。

仿潜水员机器人外形模仿人体,机器人各部分组件的几何尺寸参照《人体测量学》中人类各肢体所占身高比例关系进行设计,初步设定机身总长小于 1.5 m;同时,仿潜水员机器人的水下运动性能基于海豚踢泳姿和小铲水泳姿进行研究与分析。基于游动机理和水下运动情况的分析,仿潜水员机器人的具体设计参数如表 5 - 1 所示。

表 5 – 1 仿潜水员机器人设计参数

名称		参数	名称	参数
外形尺寸/m	自然状态	1.4 0.4 0.2	整机质量/kg	<25
	工作状态	1.4 0.4 0.4	下潜深度/m	20
	大腿长度	0.4 ~ 0.5	游动速度/($m \cdot s^{-1}$)	0.14 ~ 0.2
	小腿长度	0.2 ~ 0.3	下潜速度/($m \cdot s^{-1}$)	0.4 ~ 0.5

5.3.2 仿潜水员机器人结构设计

基于游动机理的研究和仿潜水员机器人设计指标的设定,首先进行仿潜水员机器人总体方案的研究,然后基于总体方案研究结果分别进行机器人手部结构、腰部结构、腿部结构以及头部结构方案的设计和相关参数的分析与计算。

根据潜水员游动机理分析结果可知,潜水员在游动过程中由腿部摆动实现水下推进,且小腿和脚蹼为驱动力产生的组件。潜水员在水下作业过程中,身体一般处于水平状态或水平方向的小幅度运动。同时,潜水员腰部实现两自由度小幅度的运动,协同腿部完成转弯运动及减缓上肢体波动,进而提高水下整体游动的综合性能。

潜水员下潜运动时,潜水员在利用腰部和腿部运动的协同下改变游动方向,进而实现下潜运动,其下潜运动主要基于整体重力和浮力的方向调整,再通过腿部摆动推进来实现的。仿潜水员机器人下潜深度精确定位的同时机身也保持稳定状态以及方向稳定自主游动,进而在下潜过程中也可实现视觉检测和深度检测等工作。

仿潜水员机器人自主游动模拟潜水员采用海豚踢和小铲水泳姿实现推进,且实现视觉检测和深度检测功能。因此,仿潜水员机器人本体组件包括:头部结构 1;手部结构 2;机体主体 3;腰部结构 4;腿部结构 5;脚蹼 6。在进行机器人本体结构设计时,需要将潜水员的肢体结构进行合理的简化,仿潜水员机器人总体结构方案设计结果如图 5 - 5 所示。仿潜水员机器人手部设计可参照水下机械手的设计,这里不再赘述。只对重点头部、腰部和腿部的结构设计进行叙述。

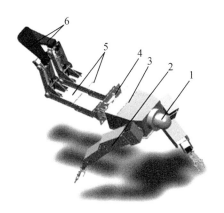

1—头部结构;2—手部结构;3—机体主体;4—腰部结构;5—腿部结构;6—脚蹼

图5－5 仿潜水员机器人总体三维模型

1.头部结构设计

仿潜水员机器人自主游动状态完全模拟专业潜水员,需要进行具有视觉检测功能的头部结构设计以及相关参数计算。仿潜水员机器人头部模拟潜水员实现对水下工作环境的视觉监视,且在水下工作的视觉传感器需要保证良好的密封安全工作。仿潜水员机器人视觉传感器采用云台摄像机,在云台摄像机外部设计一个透明防水罩对其进行整体的防水密封处理,头部结构设计结果如图5－6所示。

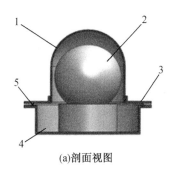

(a)剖面视图

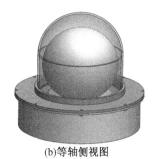

(b)等轴侧视图

1—透明罩;2—云台摄像机;3—透明罩安装座;4—摄像机底座;5—O形密封圈

图5－6 头部结构三维模型

表5－2 有机玻璃性能力学

温度	压缩屈服强度/MPa	压缩强度极限/MPa	弹性模量/MPa	拉伸强度极限/MPa	泊松比/μ
常温	77.2	84.6	532.7	69.5	0.5

仿潜水员机器人头部密封罩内部安装摄像机,为了保证机器人具有良好的视觉性能,密封罩具有良好密封性能的同时还要具有抗腐蚀性强、透光性强和透明度高等特点。目前,在汽车制造领域、飞机制造领域和仪表制造领域常用有机玻璃(PMMA)作为风挡、舱盖、

设备防护罩和光学成像镜片等的原材料。有机玻璃(PMMA)具有比重小、透光(太阳光)性为92%,且耐寒、耐高温、耐腐蚀性好以及抗冲击能力强等特点。所以,头部结构的密封罩材料选择无色透明有机玻璃,该材料的力学性能见表5-2所示。

头部结构底座和密封罩安装座之间的密封采用外压型轴向静密封方式,在静密封中最常用的为非金属密封垫圈中的O形密封圈密封。O形密封圈是一种应用最广泛的静密封方式,其具有结构简单、安装槽沟易加工、成本低、密封性能良好及安装方便等特点。

根据仿潜水员机器人的设计指标可知,机器人最大下潜深度为20 m,故头部密封圈工作介质压力大约为0.2 MPa。查阅《密封圈设计手册》,O形密封圈的材料选择为丁腈橡胶,介质作用接触压为0.184 6 MPa,预接触压力为4.139 7 MPa,总接触压力为4.324 3 MPa。经计算得,O形密封圈安装槽宽度为6 mm,槽深度为1.7 mm,密封圈直径为3 mm。

2. 头部结构强度校核

仿潜水员机器人头部密封罩对头部内部空间起密封作用,若仿潜水员机器人头部密封罩强度不能承受机器人工作环境的压力,则视觉系统将无法正常工作,根据材料屈服准则对机器人头部密封罩进行强度校核。

根据仿潜水员机器人头部密封罩形状,建立密封罩弹-塑性分析的几何模型:密封罩圆柱部分内径为a、外径为b,外壁施加静载荷为p;假设密封罩为理想塑性状态,并采用圆柱坐标系。由于密封罩圆柱部分的应力和应变关于中心轴线对称,故绕轴线方向无位移。基于所建立的几何模型,径向应力σ_r、周向应力σ_θ和端口轴向应力σ_z分别表示如下:

$$\sigma_r = -\frac{b^2 p}{b^2 - a^2}\left(1 - \frac{a^2}{r^2}\right)$$

$$\sigma_\theta = -\frac{b^2 p}{b^2 - a^2}\left(1 + \frac{a^2}{r^2}\right)$$

$$\sigma_z = 0 \tag{5-1}$$

式中　r——圆柱坐标的中的半径,且$a \leqslant r \leqslant b$。

根据 von Mises 屈服准则得

$$(\sigma_r - \sigma_\theta)^2 + (\sigma_\theta - \sigma_z)^2 + (\sigma_r - \sigma_z)^2 = 2\sigma_s^2 \tag{5-2}$$

式中　σ_s——材料的屈服强度。

将σ_r、σ_θ、σ_z的表达式代入式(5-2),整理得

$$p = \frac{\sqrt{2}(b^2 - a^2)\sigma_s}{b^2\sqrt{\left(\frac{2a^2}{r^2}\right)^2 + \left(1 + \frac{a^2}{r^2}\right)^2 + \left(1 - \frac{a^2}{r^2}\right)^2}} \tag{5-3}$$

密封罩圆柱部分的外壁受压力为p,随着压力值的增大密封罩内壁最先屈服,且随着压力值的增大屈服层由内逐渐向外扩散。经以上分析,密封罩的弹性极限压力应为内壁开始产生屈服的压力。将变量$r = a$代入式(5-3),求解出的压力p即为密封罩的弹性极限压力p_e,且密封罩的弹性极限压力p_e表示为

$$p_e = \frac{\sigma_s}{2}\left(1 - \frac{a^2}{b^2}\right) \tag{5-4}$$

随着仿潜水员机器人下潜深度的增加,密封罩外部承受的压力 p 逐渐增大。当压力 p 小于弹性极限压力 p_e 时,密封罩处于弹性变形状态;当压力 p 大于弹性极限压力 p_e 时,密封罩内壁开始出现塑性区域,且随着压力 p 的增大塑性区域逐渐向外壁扩展,但是外壁区域仍然处于弹性变形状态。处于弹-塑性状态的密封罩截面示意图如5-7所示,弹性与塑性的分界为 r_b、分界处的内压力为 q。

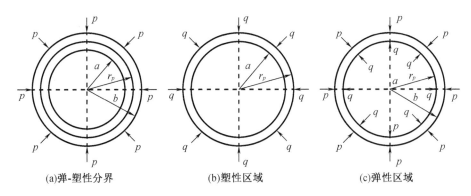

(a)弹-塑性分界   (b)塑性区域   (c)弹性区域

图 5 - 7 处于弹 - 塑性状态截面示意图

(1)塑性区域变形分析

由密封罩塑性区域示意图5-7(b)可以看出,密封罩在弹-塑性分界处的内压力为 q,即塑性区域外壁和弹性区域内壁所承受的压力为内压力 q。密封罩的塑性区域满足力平衡微分方程,根据力平衡微分方程原理得

$$\frac{d\sigma_r}{dr} + \frac{\sigma_r - \sigma_\theta}{r} = 0 \tag{5-5}$$

密封罩的塑性区域的屈服条件满足 Tresca 屈服准则,根据 Tresca 屈服准则得 $\sigma_r - \sigma_\theta = \sigma_s$,将该屈服条件代入式(5-5)整理得

$$\sigma_r = -\sigma_s \ln r + C \tag{5-6}$$

式中:C 为积分常数,将边界条件密封罩内壁的应力 $\sigma_r|_{r=a}$ 代入式(5-6),求解得出 $C = \sigma_s \ln a$。

同时,利用 Tresca 屈服准则对 σ_θ 进行求解。据上述分析,密封罩塑性区域的内应力为

$$\sigma_r = \sigma_s \ln \frac{a}{r}$$

$$\sigma_\theta = \sigma_s \left(\ln \frac{a}{r} - 1 \right)$$

(2)弹性区域变形分析

由密封罩塑性区域示意图5-7(c)可以看出,密封罩弹性区域内径为 r_p,外径为 b,内压力为 q,则密封罩弹性区域的应力表示为

$$\begin{cases} \sigma_r = \dfrac{r_p^2 q}{b^2 - r_p^2} \left(1 - \dfrac{b^2}{r^2} \right) - \dfrac{b^2 p}{b^2 - r_p^2} \left(1 - \dfrac{r_p^2}{r^2} \right) \\[3mm] \sigma_\theta = \dfrac{r_p^2 q}{b^2 - r_p^2} \left(1 + \dfrac{b^2}{r^2} \right) - \dfrac{b^2 p}{b^2 - r_p^2} \left(1 + \dfrac{r_p^2}{r^2} \right) \end{cases} \tag{5-7a}$$

在弹－塑性分界处($r = r_p$)密封罩材料刚处于屈服阶段,则弹性区域的径向应力和塑性区域的径向应力相等,且二者的表示为

$$
\begin{cases}
\sigma_r^e = \dfrac{r_p^2 q}{b^2 - r_p^2}\left(1 - \dfrac{b^2}{r^2}\right) - \dfrac{b^2 p}{b^2 - r_p^2}\left(1 - \dfrac{r_p^2}{r^2}\right) \\
\\
\sigma_r^p = \sigma_s \ln \dfrac{a}{r} \\
\\
\sigma_r^e = \sigma_r^p
\end{cases}
\tag{5-7b}
$$

式中　σ_r^e——弹性区域 $r = r_p$ 的径向应力;

　　　σ_r^p——塑性区域 $r = r_p$ 的径向应力。

将式整理求解出内压力 q,具体表达式为

$$
q = -\sigma_s \ln \frac{a}{r_p}
\tag{5-8}
$$

根据 Tresca 屈服准则得

$$
(\sigma_r - \sigma_\theta)\big|_{r=r_p} = \frac{2b^2}{b^2 - r_p^2}(p - q) = \sigma_s
\tag{5-9}
$$

求得

$$
p = \frac{b^2 - r_p^2}{2b^2}\sigma_s + \sigma_s \ln \frac{r_b}{a}
\tag{5-10}
$$

随着密封罩外壁压力 p 增大,密封罩塑性区域逐渐由里向外扩散。当 r_p 等于密封罩外径 b 时,密封罩完全处于塑性状态。此时,密封罩已经达到塑性极限状态,该临界压力 p 为塑性极限压力。将密封罩处于塑性极限状态的条件代入式(5-10)得

$$
p_l = \sigma_s \ln \frac{b}{a}
\tag{5-11}
$$

式中　p_l——塑性极限压力。

通过对机器人头部密封罩进行弹性变形和弹－塑变形分析,求解密封罩弹性极限压力 p_e 和塑性极限压力 p_l。所设计的密封罩几何外形参数和所选材料力学性能可知:$a = 63$ mm、$b = 65$ mm、$\sigma_s = 77.2$ MPa,并将参数代入式和式中,求解出密封罩弹性极限压力 $p_e = 2.3$ MPa、塑性极限压力 $p_l = 2.4$ MPa。根据研制仿潜水员机器人最大下潜深度可知,头部密封罩外壁承受的最大压力约为 0.2 MPa,密封罩弹性极限压力 p_e 和塑性极限压力 p_l 均大于外壁最大静水压力,且约为外壁最大静水压力的 10 倍。因此,所设计头部密封罩强度满足使用要求,说明设计是合理的。

3. 腰部结构设计

腰部是机器人实现上躯干与下躯干之间相对运动的机构。对腰部结构方案进行设计,并通过运动学与受力分析完成对腰部结构设计及相关参数的分析与计算。潜水员在游动过程中,通过腰部控制下肢与上身躯干之间产生相对的运动,协调下肢与上身躯干的姿态进而实现转弯运动,同时腰部实现两个方向的摆动。此外,机器人工作于水中,需要对腰部组件进行防水密封处理。腰部结构密封处理有结构整体密封处理和局部重要元件密封处理两种方案,将两种方案进行对比可得,前者结构的质量约是后者的 1.3 倍、外形尺寸约为

1.2 倍,由于腰部结构运动幅度大,前者与后者相比结构复杂、实现困难。因此,选择质量和外形尺寸小、结构简单容易实现的局部密封处理,且对驱动元件进行密封处理、机构的运动幅采用锡轴承青铜并提高接触面的加工精度,进而降低摩擦。所以,根据潜水员腰部所实现运动的分析和结构密封方案的分析结果,腰部结构设计结果如图 5-8 所示。

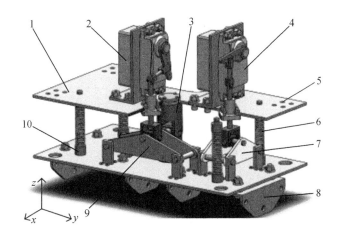

1—腰部垫板 1;2—舵机 1;3—万向节;4—舵机 2;5—腰部垫板 2;6—压缩弹簧;

7—连杆机构 2;8—腿部固定座;9—连杆机构 1;10—弹簧导柱

图 5-8　腰部结构三维模型

舵机 1 作为连杆机构 1 的原动件,使得腰部垫板 2 相对于腰部垫板 1 实现绕 y 轴的转动;舵机 2 作为连杆机构 2 的原动件,使得腰部垫板 2 相对于腰部垫板 1 实现绕 x 轴的转动;万向节的作用是使得腰部垫板 2 相对于腰部垫板 1 之间有相对静止的转动中心;4 根压缩弹簧的作用是使得在两个舵机未进入正常的工作阶段时,支撑腰部垫板 2 与腰部垫板 1,以至于二者不产生大幅度的相对运动。腰部结构参数分析与计算如下:

由于腰部的连杆机构 1 与连杆机构 2 的机构示意图相同,只在连杆长度上有区别。因此,在进行运动学分析与受力分析时共用一个机构示意图,连杆机构初始状态和运动过程中瞬时某一位置的示意图如图 5-9 所示。

在机构示意图 5-9 中,机架 6 为腰部垫板 1、连架杆 1 为舵机臂、连架杆 5 为腰部垫板 2。图中粗实线描绘的示意图表示腰部连杆机构在初始位置的状态,虚线表示腰部连杆机构在驱动力矩 M 的作用下转过角度 φ 时的位置。其中,构件 1、2、3 的长度为 l_1、l_2、l_3,D 点到 y 轴的距离为 L。

将封闭图形 ABCDO 边 BC、CD、DO 与边 BA、AO 投影于 y 轴,AB、BC 投影于 x 轴得

$$\begin{cases} l_2 \cdot \cos \lambda + l_3 + L \cdot \tan \theta = y_1 \\ l_1 \cdot \sin \varphi + l_2 + l_3 = y_2 \\ l_1 \cdot \cos \varphi + l_2 \cdot \sin \lambda = x_1 \end{cases} \quad (5-12)$$

且 $y_1 = y_2$,并代入式(5-12)整理得出

$$\theta = \arctan\left(\frac{l_2(1 - \cos \lambda) + l_1 \cdot \sin \varphi}{L}\right) \quad (5-13)$$

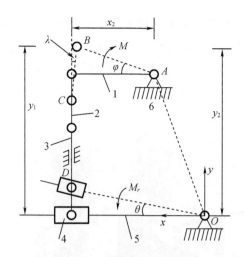

图 5 - 9　腰部连杆机构示意图

又因为 $x_1 = l_1$，代入式(5 - 12)并整理可得构件 2 与 y 轴的夹角 λ 为

$$\lambda = \arcsin\left(\frac{l_1(1 - \cos\varphi)}{l_2}\right) \tag{5 - 14}$$

将式代入式(5 - 12)中，整理可得原动件转角 φ 与从动件输出角 θ 之间的关系，即

$$\theta = \arctan\left(\frac{l_1 \cdot \sin\varphi + l_2 - \sqrt{l_2^2 - l_1^2(1 - \cos\varphi)^2}}{L}\right) \tag{5 - 15}$$

受驱动力矩 M 和阻力矩 M_r。将腰部连杆机构各个构件拆解，进行单独受力分析，单个构件的受力分析示意图如图 5 - 10 所示。

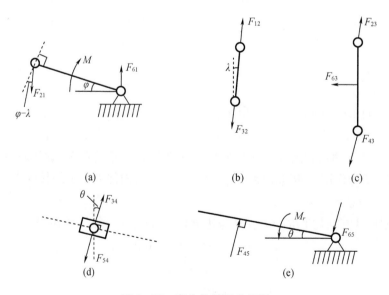

图 5 - 10　各个构件受力分析

根据图 5 - 10 的受力分析结果，并结合静力平衡和力矩平衡原理可得

$$\begin{cases} F_{63} + F_{43} \cdot \sin \theta = F_{23} \cdot \sin \lambda, & F_{23} \cdot \cos \lambda = F_{43} \cdot \cos \theta \\ F_{21} = F_{61}, & M = F_{21} \cdot l_1 \cdot \cos(\varphi - \lambda) \\ F_{45} = F_{65}, & M_r = F_{45} \cdot \dfrac{L}{\cos \theta} \\ F_{12} = F_{32}, & F_{34} = F_{54} \end{cases} \quad (5-16)$$

将式(5-16)整理,可得驱动力矩 M 与阻力矩 M_r 之间的关系:

$$M = M_r \frac{l_1 \cdot L \cdot \cos\left\{\varphi - \arcsin\left[\dfrac{l_1(1 - \cos \varphi)}{l_2}\right]\right\}}{\left\{\left[l_1 \cdot \sin \varphi + l_2 - \sqrt{l_2^2 - l_1^2(1 - \cos \varphi)^2}\right]^2 + L^2\right\} \cdot \sqrt{1 - \left(\dfrac{l_1(1 - \cos \varphi)}{l_2}\right)^2}}$$

$$(5-17)$$

腰部各机构在运动过程中,各构件的压力角并非是定值。为了保证腰部各机构良好的传动性能,一般最大压力角 $\alpha_{\max} < 50°$。构件 2 在 B 点处的压力角为 α_2,且 $\alpha_2 = \varphi - \lambda$;构件 3 在 C 点处的压力角为 α_3,且 $\alpha_3 = \lambda$;构件 5 在 D 点处的压力角为 α_5,且 $\alpha_5 = 0$。求解出压力角 α_2、α_3 为

$$\begin{cases} \alpha_2 = \varphi - \arcsin\left(\dfrac{l_1(1 - \cos \varphi)}{l_2}\right) \\ \alpha_3 = \arcsin\left(\dfrac{l_1(1 - \cos \varphi)}{l_2}\right) \end{cases} \quad (5-18)$$

根据式(5-18)可以看出,压力角 α_2、α_3 是 l_1、l_2 和转角 φ 的函数。由于主动件转角 φ 在机器人正常工作的过程中为动态变化。因此,对腰部机构优化设计时,先取一个定值转角 φ,然后优先考虑 l_1 和 l_2 对压力角的影响。此时,取 $\varphi = 30°$,利用 MATLAB 软件编程实现了 α_2、α_3 函数图形的输出,且 α_2 和 α_3 为因变量、l_1 与 l_2 为自变量。其中,压力角 α_2 与 l_1、l_2 的关系如图 5-11(a)所示、压力角 α_3 与 l_1、l_2 的关系如图 5-11(b)所示。

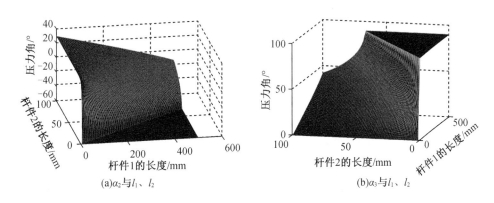

(a)α_2 与 l_1、l_2　　　　　　　(b)α_3 与 l_1、l_2

图 5-11　压力角与 l_1、l_2 的关系

由图 5-11(a)可以看出,压力角 α_2 随着 l_1 与 l_2 比值减小从 $-60°$ 增加至 $30°$;当 $\varphi = 30°$时,l_1 与 l_2 的比值不得超过 7.462。由于压力角是一个非负实数,故压力角 α_2 随着 l_1 与

l_2 的比值减小从 $60°$ 减小至 0 然后增大至 $30°$。当 $\alpha_2 = 0$ 时，$l_1/l_2 = 0.5/(1 - 0.866)$；由图 5 -11(b)可以看出，压力角 α_3 随 l_1 与 l_2 的比值增大，从 0 增加至 $90°$。

所以，当压力角 $\alpha_2 = 0$ 时，压力角 $\alpha_3 = \varphi$，$l_1/l_2 = 3.731$。综合考虑两个压力角的值，为了使得压力角 α_3 更小，适当地增大压力角 α_2 的值，直到 $\alpha_2 = \alpha_3$。当压力角 $\alpha_2 = \alpha_3$ 时，腰部连杆机构的传动性能达到最优状态，即 $l_1/l_2 = 1.865$。结合实际情况，选取 $l_1 = 46$ mm、$l_2 = 25$ mm。

将 $l_1 = 46$ mm、$l_2 = 25$ mm 代入式(5 - 18)得

$$\begin{cases} \alpha_2 = \varphi - \arcsin[1.84(1 - \cos\varphi)] \\ \alpha_3 = \arcsin[1.84(1 - \cos\varphi)] \end{cases} \tag{5-19}$$

利用程序软件编程求解出压力角 α_2、α_3 与转角 φ 的函数图形，如图 5 - 12 所示。

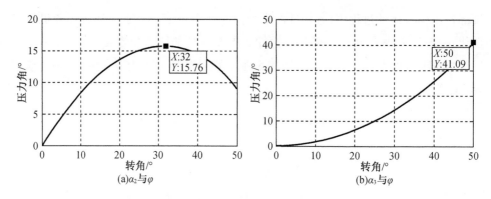

图 5 - 12　压力角与转角的关系

从图 5 - 12(a)可以看出，压力角 α_2 随着转角 φ 先增大然后减小，但是压力角不超过 $16°$；从图 5 - 12(b)可以看出，压力角 α_2 随着转角 φ 增加呈单调递增。因此，在满足机构主动件输出角 θ 的前提下，机构主动件输入角 φ 越小，压力角越小，机构的传动性也能越好。接下来，分析从机构主动件输出角 θ，将 $l_1 = 46$ mm、$l_2 = 25$ mm 代入式(5 - 15)得：

$$\theta = \arctan\left[\frac{46\sin\varphi + 25 - \sqrt{625 - 2\,116(1 - \cos\varphi)^2}}{L}\right] \tag{5-20}$$

由式(5 - 20)可知：各机构从机构主动件输出角 θ 是主动件转角 φ 和 D 点到 y 轴的距离为 L 的函数。利用编程软件编程求解出以 φ 与 L 为自变量函数 θ 的函数图形，求解结果如图 5 - 13 所示。

从图 5 - 13 可以看出，当 φ 为定值时，各机构从机构主动件输出角 θ 随着 L 增加呈单调递减趋势，而且在 $0 \sim 150$ 内减小的速率很大。在转角 φ 为某一值时，尽可能使得输出角度 θ 要大，即在各机构运动过程中，机构主动件转过较小的值 φ，便可使得从机构主动件输出较大值的 θ。因此，在设计腰部连杆机构时尽可能使构件 3 的导路与杆件 5 的回转中心的距离 L 要小。

结合腰部的实际情况以及腰部所实现的功能，机构 2 中的构件 3 的导路与杆件 5 的回转中心的距离 $L_2 = 83.5$ mm、腰部连杆机构 1 中构件 3 的导路与杆件 5 的回转中心的距离

$L_1 = 35$ mm,腰部连杆机构 1 的输出角度最大值 $\theta_{1\max} = 15°$、腰部连杆机构 2 的输出角度最大值 $\theta_{2\max} = 7°$。

$$
\begin{cases}
\theta_1 = \arctan\left[\dfrac{46\sin\varphi_1 + 25 - \sqrt{625 - 2\,116(1 - \cos\varphi_1)^2}}{35}\right] \\[4mm]
\theta_2 = \arctan\left[\dfrac{46\sin\varphi_2 + 25 - \sqrt{625 - 2\,116(1 - \cos\varphi_2)^2}}{83.5}\right]
\end{cases}
\tag{5-21}
$$

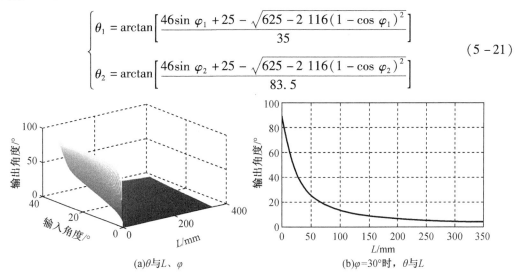

(a)θ 与 L、φ　　　　(b)$\varphi=30°$ 时，θ 与 L

图 5-13　从动件输出角 θ 与长度 L、转角 φ 的关系

将 L_1、L_2 代入式中,分别求解出腰部连杆机构 1 的 θ_1 与主动件转角 φ_1 关系表达式,以及腰部连杆机构 2 的 θ_2 与主动件转角 φ_2 的关系表达式(5-21)。

利用软件编程求解出输出角度 θ_1 与主动件转角 φ_1,以及输出角度 θ_2 与主动件转角 φ_2 的函数图形。其中,θ_1、φ_1 函数曲线如图 5-14(a)所示,θ_2、φ_2 函数曲线如图 5-14(b)所示。

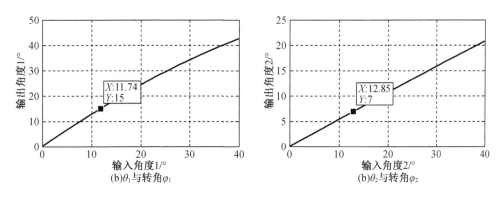

(b)θ_1 与转角 φ_1　　　　(b)θ_2 与转角 φ_2

图 5-14　输出角与转角的关系

由图 5-14 可以看出,输出角度 θ_1 随主动件转角 φ_1 增加呈单调递增,根据前文可知 $0 \leqslant \theta_1 \leqslant 15°$,则 $0 \leqslant \varphi_1 \leqslant 11.74°$;输出角度 θ_2 随主动件转角 φ_2 增加呈单调递增,根据前文可知 $0 \leqslant \theta_2 \leqslant 7°$,则 $0 \leqslant \varphi_2 \leqslant 12.85°$。结合前文所分析的压力角 α 与主动件转角 φ 关系,可得 $0 \leqslant \alpha_2 \leqslant 9.53°$,$0 \leqslant \alpha_3 \leqslant 2.64°$。

将 $l_1 = 46$ mm、$l_2 = 25$ mm、$L_1 = 35$ mm 代入式可得

$$M_1 = M_{1r} \frac{1\,610\cos\{\varphi_1 - \arcsin[1.84(1-\cos\varphi_1)]\}}{\{[46\sin\varphi_1 + 25 - \sqrt{625 - 2\,116(1-\cos\varphi_1)^2}]^2 + 1\,225\}\sqrt{1 - 3.385\,6(1-\cos\varphi_1)^2}}$$

$$(5-22)$$

将 $l_1 = 46$ mm、$l_2 = 25$ mm、$L_2 = 83.5$ mm 代入式(5-22)得

$$M_2 = M_{2r} \frac{3\,841\cos\{\varphi_2 - \arcsin[1.84(1-\cos\varphi_2)]\}}{\{[46\sin\varphi_2 + 25 - \sqrt{625 - 2\,116(1-\cos\varphi_2)^2}]^2 + 6\,972.25\}\sqrt{1 - 3.385\,6(1-\cos\varphi_2)^2}}$$

$$(5-23)$$

通过对腰部运动学与受力的分析并结合实际情况,确定了 l_1、l_2、L_1、L_2 的具体值,为腰部结构设计提供理论依据;求解出 θ_1、φ_1 与 θ_2、φ_2 的具体关系表达式,一方面为腰部运动控制提供理论依据;求解出驱动力矩与阻力矩之间的具体关系表达式,另一方面也为腰部舵机选型奠定了基础。

腰部连杆机构 1 的驱动力矩 M_1 是由阻力矩 M_{1r} 和主动件转角 φ_1 所决定。其中 M_{1r} 是由机器人在水中下肢体相对于上肢体运动产生水动力所致的阻力矩 M_{1r}' 和腰部弹簧压缩时产生的弹力 F_{1e} 所致的力矩 M_{1r}'' 的总和,即

$$M_{1r} = M_{1r}' + M_{1r}'' \tag{5-24}$$

连杆机构 2 阻力矩 M_{2r} 和连杆机构 1 的阻力矩 M_{1r} 计算方法相同,即

$$M_{2r} = M_{2r}' + M_{2r}'' \tag{5-25}$$

根据腰部结构的实际运动情况,分别计算腰部弹簧产生的阻力矩和水动力产生的阻力矩,及计算出阻力矩 M_{1r} 和 M_{2r},进而完成腰部驱动元件的选型。

腰部弹簧压缩时产生的弹力 $F_{1e} = k_F \times \Delta\lambda$,且弹簧变形量 $\Delta\lambda$ 近似为腰部连杆机构 D 点在 y 轴方向的位移,即 $\Delta\lambda_1 = L_1 \times \tan\theta_1$。由于腰部舵机在工作时,腰部弹簧其中两根处于压缩工作状态、其余两根处于自然状态,则 F_{1e} 所产生的力矩 M_{1r}'' 为

$$M_{1r}'' = 2k_F \cdot L_1^2 \cdot \tan\theta_1 \tag{5-26}$$

根据腰部实际受力情况,计算出弹簧最大工作载荷为 $F_{\max} = 50$ N。进行弹簧参数计算与选型,选型结果为弹簧材料为不锈钢,弹簧的中径 $D = 10$ mm、线径 $d = 1.4$ mm、圈数 $n = 11$、自由状态的长度选取 $L = 50$ mm。因此,$k_F = 3.33$ N/mm、$L_1 = 0.035$ m,代入式(5-26)得到 $M_{1r}'' = 8.15\tan\theta_1$;按同样的计算方法,计算得到 $M_{2r}'' = 8.15\tan\theta_2$。

机器人在水中工作时,下机体与上机体相对运动产生的阻力矩 M_{1r}' 近似为平板绕转轴在水中做旋转运动所产生的阻力矩,平板绕流示意图如图 5-15 所示。

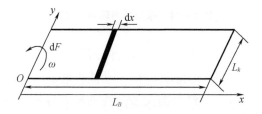

图 5-15　平板在水中做旋转运动的示意图

采用积分方法来求解阻力矩 M'_{1r}，具体计算过程如下：

在 x 位置处的 $\mathrm{d}x$ 长度的平板绕 y 轴所产生的阻力 $\mathrm{d}F$ 为，$\mathrm{d}F$ 绕 y 轴所产生阻力矩为 $\mathrm{d}M$，则整个平板相对于转轴所产的阻力矩 M'_{1r} 为

$$M'_r = \int_0^{L_B} x\lambda\rho\,\frac{(\omega' x)^2}{2}L_k \cdot \mathrm{d}x \tag{5-27}$$

式中　L_k——平板的宽度，m；

　　　ρ——水的密度，$\mathrm{kg/m}^3$；

　　　ω'——平板绕 y 轴转动的速度，$\mathrm{rad/s}$。

根据本文仿潜水员机器人的运动状态，雷诺系数为 $2.5\times10^4 \leqslant R_e \leqslant 2\times10^6$，且阻力系数 λ 经验公式为 $\lambda = 15.4R_e^{-0.4}$。

根据机器人本体结构进行化简可知：平板的宽度 $L_k = 0.3$ m、平板的长度 $L_B = 0.9$ m；水的密度近似取 $\rho = 1\,000$ $\mathrm{kg/m}^3$；平板绕 y 轴转动的角速度 ω' 近似等于腰部连杆机构 1 主动件的角速度，取 $\omega' = 0.523$ $\mathrm{rad/s}$。将所有参数代入式(5-15)计算，得 $M'_{1r} = 0.309$ N·m。

机器人结构化简，平板宽度 $L_k = 0.08$ m、平板长度 $L_B = 0.9$ m；平板绕 x 轴转动的角速度 ω' 近似等于腰部连杆机构 2 主动件的角速度，取 $\omega' = 0.523$ $\mathrm{rad/s}$。将以上所有参数代入式(5-14)，计算得 $M''_{2r} = 0.082$ N·m。

舵机力矩 M 的计算与选型如下，将计算结果代入式(5-22)，整理得

$$M_1 = (0.309 + 8.15\tan\theta_1)K_1 \tag{5-28}$$

令：

$$K_1 = \frac{1\,610\cos\{\varphi_1 - \arcsin[1.84(1-\cos\varphi_1)]\}}{\{[46\sin\varphi_1 + 25 - \sqrt{625 - 2\,116(1-\cos\varphi_1)^2}]^2 + 1\,225\}\sqrt{1-3.385\,6(1-\cos\varphi_1)^2}}$$

$$\tag{5-29}$$

将计算结果代入式(5-23)，整理得

$$M_2 = (0.082 + 46.4\tan\theta_2)K_2 \tag{5-30}$$

令：

$$K_2 = \frac{3\,841\cos\{\varphi_2 - \arcsin[1.84(1-\cos\varphi_2)]\}}{\{[46\sin\varphi_2 + 25 - \sqrt{625 - 2\,116(1-\cos\varphi_2)^2}]^2 + 6\,972.25\}\sqrt{1-3.385\,6(1-\cos\varphi_2)^2}}$$

$$\tag{5-31}$$

利用软件编程求解出驱动力矩 M_1 随着转角 φ_1 变化的函数曲线和驱动力矩 M_2 随着转角 φ_2 变化的函数曲线。其中，转角为自变量、驱动力矩为因变量，求解结果如图 5-16 所示。

从图 5-16 中可以看出，驱动力矩随着输入角度的增大呈单调递增的趋势。同时，由分析与计算结果可知，腰部连杆机构 1 的主动件转角 $0 \leqslant \varphi_1 \leqslant 11.74°$，腰部连杆机构 2 的主动件转角 $0 \leqslant \varphi_2 \leqslant 12.84°$，故驱动力矩 M_1 和驱动力矩 M_2 均小于 3.5 N·m。

所以，根据腰部驱动力矩的计算结果，选取腰部舵机 1 与舵机 2 型号为 DS5160。DS5160 舵机的工作电压为 7.8 V 时，输出的最大扭矩为 70 kg·m，约为腰部驱动力矩的 2 倍，故安全系数为 2；同时该舵机采用油填充结构进行防水处理且防水等级为 IP68，能够满足仿潜水员机器人水下使用要求。

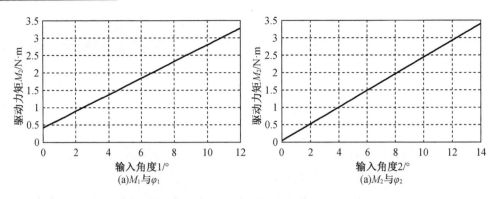

图 5 - 16　驱动力矩与转角关系

4.腿部结构设计

仿潜水员机器人腿部结构是为整机水下自主游动提供动力的组件,将对腿部结构进行设计,通过运动学与受力分析完成腿部结构设计及相关参数计算。

在机器人结构设计中最常见的结构有串联机构和并联机构。串联机构具有结构简单、执行端位置容易求解、灵活度高的优点,但是由于驱动电机安装于结构支链上,进而导致结构惯性大、整体结构刚度低,不适宜应用于高速运动的工作场合下;并联机构具有精度高、刚度大、结构紧凑、自重负荷比小、动力学性能高等优点。

由于仿潜水员机器人工作于水下,进而考虑腿部结构的防水问题。故腿部结构的防水密封方案选择质量和外形尺寸小、结构简单的局部密封处理,即只针对驱动电机进行密封处理。由于机构运动速度较低,同时考虑到结构的小型化、轻型化,机构各运动幅没必要润滑处理,且采用锡轴承青铜并提高接触面的加工精度进而降低摩擦,以及适当增大驱动元件的安全系数即可满足机器人正常工作要求。经过分析,基于并联结构的腿部结构设计结果如图 5 - 17 所示。

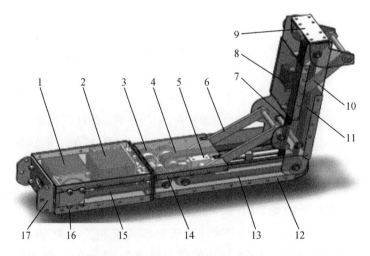

1—驱动电机 2;2—驱动电机 1;3—齿轮组 1;4—同步带 1;5—滑块 1;6—连杆 1;7—同步带 4;8—滑块 2;9—脚蹼固定座;
10—连杆 2;11—小腿机体;12—大腿机体;13—同步带 3;14—齿轮组 2;15—同步带 2;16—电机支架;17—腿部固定座

图 5 - 17　腿部结构三维模型

由腿部结构三维模型图5-17可知:基于并联结构的腿部驱动电机集中安装于固定端的电机支架,执行端与固定端腿部固定座之间通过电机1与电机2分别驱动两条运动链而相连接,即小腿机体的运动是由电机1驱动的运动链来进行控制、脚蹼固定座的运动是由电机2驱动的运动链进行控制。

对腿部滑块组件进行运动学与受力分析,并计算各个零部件相关参数。

(1)机构运动学分析

腿部滑块组件的示意图如图5-18所示,并建立 xoy 坐标系。结合腿部所执行的功能和实际结构,滑块组件受驱动力 F_d 和阻力矩 M_r,虚线 OA_1B_1 为曲柄机构的左极限位置、虚线 OA_2B_2 为曲柄机构的右极限位置。曲柄长度为 l_1、连杆长度为 l_2 及行程为 h,滑块 B 到点 O 的距离为 H、曲柄与 x 轴的夹角为 φ、连杆与 x 轴的夹角为 θ。

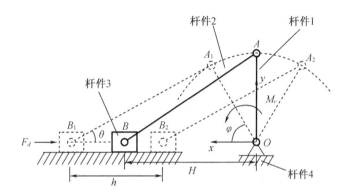

图5-18 腿部滑块组件机构示意图

将封闭图形 ΔOA_1B_1 的边 OA_1 与 A_1B_1 投影于 y 轴、x 轴,得

$$\begin{cases} l_2 \cdot \sin\theta = l_1 \cdot \sin\varphi \\ l_2 \cdot \cos\theta + l_1 \cdot \cos\varphi = H \end{cases} \tag{5-32}$$

将式(5-32)整理,得

$$\theta = \arcsin\left(\frac{l_1\sin\varphi}{l_2}\right) \tag{5-33}$$

$$H = \sqrt{l_2^2 - l_1^2\sin^2\varphi} + l_1\cos\varphi \tag{5-34}$$

将式(5-34)两边对时间 t 求导,即可得到滑块速度 v,且

$$v = \dot{H} = -\left(l_1\sin\varphi + \frac{l_1^2\sin\varphi\cos\varphi}{\sqrt{l_2^2 - l_1^2\sin^2\varphi}}\right)\dot{\varphi} \tag{5-35}$$

(2)机构受力分析

由于机构不在平行于重力方向安置与工作,在受力分析过程中忽略构件自身重力与摩擦力的影响,把各个构件视为轻质构件。对腿部滑块机构的各个构件单独拆开进行受力分析,各个构件的受力分析如图5-19所示。

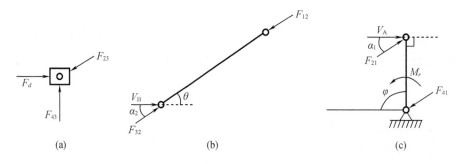

图 5 – 19 腿部滑块组件各个构件受力分析

根据图 5 – 19 受力分析结果,并结合静力平衡与力矩平衡原理可得

$$\begin{cases} F_d = F_{23} \cdot \cos \theta \\ F_{43} = F_{23} \cdot \sin \theta \\ F_{21} = F_{41} \\ M_r = F_{21} \cdot l_1 \cdot \cos \alpha_1 \end{cases} \tag{5 – 36}$$

同时,$F_{23} = F_{32}$、$F_{12} = F_{21}$、$F_{32} = F_{12}$,整理式(5 – 36)可得曲柄滑块机构的驱动力 F_d 与阻力矩 M_r 的关系,二者的关系表达式为

$$F_d = M_r \frac{\sqrt{l_2^2 - l_1^2 \sin \varphi^2}}{l_1 l_2 \cos \alpha_1} \tag{5 – 37}$$

曲柄 A 点的压力角为图 5 – 19(c)所示的角 α_1;连杆 B 点的压力角为图 5 – 19(b)所示的角 α_2,且压力角 α_1、α_2 为

$$\begin{cases} \alpha_1 = \arcsin\left(\dfrac{l_1 \sin \varphi}{l_2}\right) + \varphi - 90° \\ \alpha_2 = \arcsin\left(\dfrac{l_1 \sin \varphi}{l_2}\right) \end{cases} \tag{5 – 38}$$

(3)参数分析与计算

从式(5 – 38)可以看出,α_1、α_2 是 l_1、l_2 和曲柄与 x 轴正方向夹角 φ 的函数。由于曲柄与 x 轴正方向夹角 φ 范围是根据潜水员游动机理与机器人腿部结构共同决定,且初步确定曲柄左极限与右极限位置的夹角为 $\Delta\varphi = 50°$。因此,在对腿部曲柄连杆机构参数分析与计算时,先取一定值转角 φ,然后优先考虑曲柄长度 l_1 和连杆长度 l_2 对压力角的影响。此时,取 $\varphi = 75°$,利用编程求解出函数 α_1、α_2 的函数图形。其中,压力角 α_1 与 l_1、l_2 的关系如图 5 – 20(a)所示、压力角 α_2 与 l_1、l_2 的关系如图 5 – 20(b)所示。

从图 5 – 20(a)可以看出,压力角 α_1 随着曲柄长度 l_1 与连杆长度 l_2 比值增大,从 $-25°$ 增加至 $90°$。由于压力角值是一个非负数,故随着 l_1/l_2 值增大 α_1 从 $25°$ 减小至 0 然后在增大至 $90°$;从图 5 – 20(b)可以看出,压力角 α_2 随着曲柄长度 l_1 与连杆长度 l_2 比值增大,从 0 增加至 $90°$。

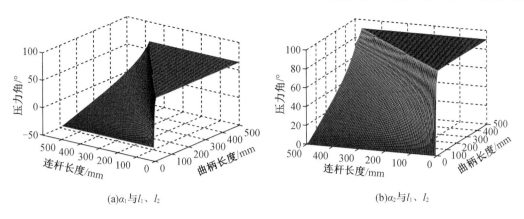

(a)α_1与l_1、l_2　　　　　　　　　　　(b)α_2与l_1、l_2

图5-20　压力角与l_1、l_2关系

根据上述分析可知,在设计腿部曲柄滑块机构时尽可能使得l_1/l_2的值小。结合腿部整体结构,选取$l_1 = 71.6$ mm、$l_2 = 128$ mm。利用软件编程实现压力角α_1、α_2与曲柄夹角φ的函数图形的输出,如图5-21所示。

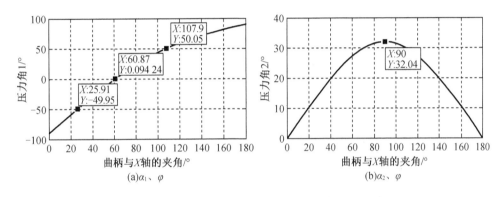

(a)α_1、φ　　　　　　　　　　　(b)α_2、φ

图5-21　压力角与曲柄夹角的关系

从图5-21(a)可以看出,随着曲柄的夹角φ从0增大至180°,同时,压力角α_1从90°减小至0然后再增加至90°。当$\varphi = 60.8°$时,压力角α_1最小且为0;根据图5-21(b)可以看出,随着曲柄夹角的φ从0增大至180°,同时压力角α_2从0增大到32.04°然后再减小至0。

曲柄与x轴的夹角取$26° \leqslant \varphi \leqslant 107°$时,腿部曲柄滑块机构的$\alpha_1$、$\alpha_2$均小于50°。因此,根据小腿与脚蹼的实际运动情况,腿部机构驱动小腿的曲柄运动范围为$75° \leqslant \varphi_1 \leqslant 105°$,驱动脚蹼的曲柄运动范围为$60° \leqslant \varphi_1 \leqslant 105°$。

将$l_1 = 71.6$ mm、$l_2 = 128$ mm与式代入式(5-37),得

$$F_d = M_r \frac{\sqrt{16\,384 - 5\,126.56 \times \sin\varphi^2}}{9.164\,8 \times \cos[\arcsin(0.559\sin\varphi) + \varphi - 90°]} \tag{5-39}$$

通过运动学与受力分析并结合实际情况,确定了l_1、l_2的具体值,为腿部结构设计提供了理论依据;可以求解出局部驱动力F_d和阻力矩M_r的关系达式,为腿部电机力矩的计算奠定了基础。

（4）腿部电机选型

仿潜水员机器人整机的自主游动由腿部运动产生的水动力提供推进力，因而腿部电机的配置合理性直接影响着整机的自主游动性能，通过腿部电机转速和扭矩的计算，完成电机型号的选取。

首先腿部电机转速计算如下：

根据仿潜水员机器人腿部结构设计结果可知，小腿和脚蹼传动系统中的同步带轮至电机输出端齿轮组的传动比为1，故电机1转速 n_1 与同步带4的线速度 v_1 之间的关系为

$$v_1 = \frac{2\pi n_1 R}{60} \tag{5-40}$$

式中 n_1 ——电机1转速，r/min；

       v_1 ——同步带4的线速度，m/s；

       R ——带轮节圆半径，且 $R = 9.55 \times 10^{-3}$ m。

将式（5-35）代入式（5-40）中，整理得

$$n_1 = \frac{30\omega_1}{\pi R}\left[l_1\sin(\Delta\varphi_1 + \varphi_{10}) + \frac{l_1^2\sin(\Delta\varphi_1 + \varphi_{10})\cos(\Delta\varphi_1 + \varphi_{10})}{\sqrt{l_2^2 - l_1^2\sin^2(\Delta\varphi_1 + \varphi_{10})}} \right] \tag{5-41}$$

式中 ω_1 ——小腿摆动的速度，rad/s；

       φ_{10} ——小腿的初始相位，rad。

电机2的转速 n_2 的计算过程与 n_1 完全相同，且 n_2 为

$$n_2 = \frac{30\omega_2}{\pi R}\left[l_1\sin(\Delta\varphi_2 + \varphi_{20}) + \frac{l_1^2\sin(\Delta\varphi_2 + \varphi_{20})\cos(\Delta\varphi_2 + \varphi_{20})}{\sqrt{l_2^2 - l_1^2\sin^2(\Delta\varphi_2 + \varphi_{20})}} \right] \tag{5-42}$$

式中 ω_2 ——脚蹼摆动的速度，rad/s；

       φ_{20} ——脚蹼的初始相位，rad。

根据游动机理分析结果可知：小腿摆动周期为 $T = 1.5$ s、摆动角度的幅度为30°。为了使得小腿在踢腿与收腿转折点处不产生冲击，在一个运动周期内角速度的规律设定为正弦函数。因此，小腿角速度 $\omega_1(t)$、运动角度 $\Delta\varphi_1(t)$ 与时间 $t(0 \leqslant t < T)$ 的函数表达式为

$$\omega_1(t) = \frac{\pi^2}{9}\sin\left(\frac{4\pi}{3}t\right)$$

$$\Delta\varphi_1(t) = \frac{\pi}{12} - \frac{\pi}{12}\cos\left(\frac{4\pi}{3}t\right) \tag{5-43}$$

将式（5-43）及相关参数代入式（5-41）得到电机转速 n_1 与时间 t 的关系，利用软件编程求解出电机转速 n_1 函数曲线，如图5-22（a）所示。

根据游动机理分析结果可知：脚蹼摆动周期为 $T = 1.5$ s、摆动角度的幅度为45°。为了使得脚蹼在踢腿与收腿转折点处不产生冲击，在一个运动周期内的角速度的规律设定为正弦函数。因此，脚蹼角速度 $\omega_2(t)$、运动角度 $\Delta\varphi_2(t)$ 与时间 $t(0 \leqslant t < T)$ 的函数表达式为

$$\omega_2(t) = \frac{\pi^2}{6}\sin\left(\frac{4\pi}{3}t\right)$$

$$\Delta\varphi_2(t) = \frac{\pi}{8} - \frac{\pi}{8}\cos\left(\frac{4\pi}{3}t\right) \tag{5-44}$$

将式(5-44)及相关参数代入式(5-42)得到电机转速 n_2 与时间 t 的关系,利用软件编程求解出电机转速 n_2 的函数曲线,如图5-22(b)所示。

从图5-22中可以看出,腿部电机1和电机2运动规律成正弦,在一个运动周期的初始时刻和结束时刻并无突增现象;同时,电机1最大转速为80 r/min、电机2最大转速为120 r/min,为电机选型和电机转速的控制提供了理论依据。

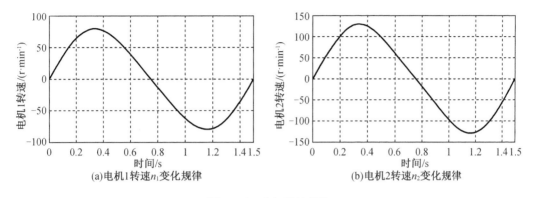

(a)电机1转速n_1变化规律　　　　　(b)电机2转速n_2变化规律

图5-22　电机转速规律

其次腿部电机力矩计算如下:

根据腿部结构设计可知,电机的输出为齿轮组1的输入,故齿轮 Z_1 的驱动力矩 M_1 等于电机1输出力矩 M_{d1},且齿轮组的传动比为1,则可得

$$F_{d1} = \frac{M_{d1}}{R} \tag{5-45}$$

式中　R——带轮节圆半径,且 $R = 9.55 \times 10^{-3}$ m。

将式(5-45)代入式(5-39)并整理得出

$$M_{d1} = M_{r1} \frac{9.55 \times 10^{-3}\sqrt{16\,384 - 5\,126.56 \times \sin \varphi_1^2}}{9.164\,8 \times \cos[\arcsin(0.559\sin \varphi) + \varphi_1 - 90°]} \tag{5-46}$$

式中　M_{r1}——小腿机体摆动而产生的阻力矩,N·m。

同理求得,电机2的输出力矩 M_{d2} 与脚蹼相对小腿机体摆动而产生的阻力矩 M_{r2} 之间的关系表达式为

$$M_{d2} = M_{r2} \frac{9.55 \times 10^{-3}\sqrt{16\,384 - 5\,126.56 \times \sin \varphi_2^2}}{9.164\,8 \times \cos[\arcsin(0.559\sin \varphi) + \varphi_2 - 90°]} \tag{5-47}$$

式中　M_{r2}——小腿机体摆动而产生的阻力矩,N·m。

仿潜水员机器人在自主游动过程中,脚蹼和小腿的组件的阻力矩主要来源于流体作用于各自机体的水动力所产生的阻力矩,根据阻力计算方法可求得小腿、脚蹼在水中运动过程中的阻力矩。根据腿部本体结构设计结果可知,小腿的 $L_B = 0.245$ m、$L_K = 0.096$ m,脚蹼的 $L_B = 0.35$ m、$L_K = 0.11$ m。将具体参数代入,求解出小腿组件水动力产生的阻力矩 $M_{r1} = 2.1$ N·m 与脚蹼水动力产生的阻力矩 $M_{r2} = 1.58$ N·m。将 M_{r1} 与 M_{r2} 分别代入式(5-46)与式(5-47)得电机1驱动力矩 M_{d1} 与电机2驱动力矩 M_{d2},即

$$
\begin{cases}
M_{d1} = \dfrac{2.1 \times 9.55 \times 10^{-3}\sqrt{16\,384 - 5\,126.56 \times \sin^2\varphi_1}}{9.164\,8 \times \cos[\arcsin(0.559\sin\varphi_1) + \varphi_1 - 90°]} \\[4mm]
M_{d2} = \dfrac{1.58 \times 9.55 \times 10^{-3}\sqrt{16\,384 - 5\,126.56 \times \sin^2\varphi_2}}{9.1648 \times \cos[\arcsin(0.559\sin\varphi_2) + \varphi_2 - 90°]}
\end{cases}
\tag{5-48}
$$

根据分析可知 $75° \leqslant \varphi_1 \leqslant 105°$、$60° \leqslant \varphi_2 \leqslant 105°$，并用软件编程求解出电机驱动力矩与输出构件摆动角度之间的函数曲线，如图 5-23 所示。

根据图 5-23 可知，电机 1 和电机 2 的转矩随着各自输出端摆动角度的增大呈单调递增趋势，且电机 1 的最大转矩为 0.35 N·m、电机 2 的最大转矩为 0.26 N·m。

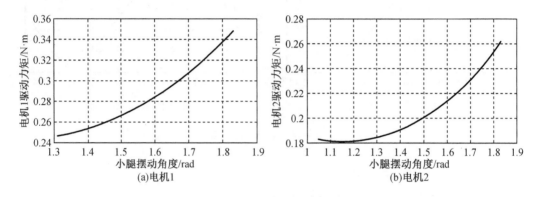

图 5-23　电机驱动力矩与驱动件摆动角度关系

最常用电机有直流电机和步进电机。步进电机很容易实现启动、变速、换向和停止，且停车时具有一定的自锁功能，低速输出扭矩大；同时其控制系统具有结构简单，跟随性好、无累计误差的优点。但是，其调速范围小，高速条件下电机扭矩下降非常严重。步进电机中的混合式步进电机输出效率高，在工作过程中具有转动平稳、发热低，且噪声与振动较小的优点。因此，选择两相混合式步进电机作为机器人腿部驱动电机。故选取"57HS56 - 28D8 - IE1000 - IP68"型号的步进电机作为仿潜水员机器人的腿部驱动电机，且该电机具体参数如表 5-3 所示。通过查阅"57HS56 - 28D8 - IE1000 - IP68"步进电机说明书可知：该型号步进电机转速达到 100 r/min 时，转矩约为 0.7 N·m；当转速达到 150 r/min 时，转矩约为 0.6 N·m，安全系数大于 1.5。同时，该电机为防水电机且防水等级为 IP68，故满足小腿与脚蹼的负载及水下工作的特点。

表 5-3　步进电机技术参数

电机型号	57HS56 - 28D8 - IE1000 - IP68				
外形尺寸	57 mm×57 mm×56 mm	相电阻	0.39 Ω	保持转矩	1.2 N·m
输出轴直径	8 mm	相电感	1.13mH	转动惯量	300g·mm²
步距角	1.8°	额定电压	1.2 V	峰值电流	3 A

5.腿部结构变形分析

仿潜水员机器人腿部结构的滑块导杆机构会在滑块作用下产生挠度变形,当滑块导杆挠度变形量非常大时,会使得小腿机体与脚蹼机体输出角度,以及摆动规律达不到预期设定值,进而影响仿潜水员机器人的自主游动性能。因此,对腿部滑块导杆及相关组件进行变形理论计算,并再次用 ANSYS 软件仿真验证理论计算正确性,以及校核结构刚度是否达到使用要求。

(1)变形分析与计算

仿潜水员机器人腿部导杆及相关组件的材料选用耐腐蚀性强、价格便宜、焊接性能和机械加工性能良好的超级奥氏体不锈钢(254SMo)。254SMo 材料广泛应用于水下设备的结构设计中,其力学属性如表5-4所示。

表 5-4　不锈钢 254SMo 材料的力学参数

材料型号	密度/$(g \cdot cm^{-3})$	弹性模量/GPa	屈服强度/MPa	抗拉强度/MPa	泊松比/μ
254SMo	8.1	210	300	650	0.3

将腿部关键部件的滑块导杆及相关组件的三维模型进行合理简化处理,化简结果如图5-24所示,滑块导杆固定于轴1与轴2的中心位置,且轴1和轴2固定于腿部机体。

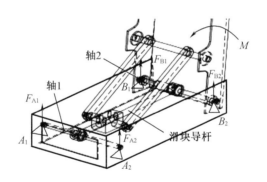

图 5-24　腿部结构简化模型

腿部滑块导杆在腿部结构中设计为一端固定,另一端为活动铰支座,且分别在支撑轴1与轴2的中点处。导杆竖直方向受两个支反力、自身重力和来自滑块的作用力,该导杆的平面力系平衡方程为

$$\begin{cases} \sum F = 0 : F_1 + F_2 = qL + P \\ \sum M_1 = 0 : \dfrac{qL^2}{2} + P(L-B) - F_2 L = 0 \end{cases} \qquad (5-49)$$

式中　F_1、F_2——固定端与移动端支反力,N;

　　　q——导杆重力线密度,N/m;

　　　P——滑块用作力,N;

　　　L——导杆长度,m;

B——滑块与右支点的距离, m。

根据设计的结构可知 $q = 5.76$ N/m、$L = 0.17$ m, 将相关参数代入式并整理, 得

$$\begin{cases} F_1 = 0.489\ 6 + 5.882PB \\ F_2 = 0.489\ 6 + P(1 - 5.882B) \end{cases} \tag{5-50}$$

根据对导杆、支撑轴 1 与支撑轴 2 受力分析, 可将其视为三根简支梁, 用工程中较为常见的叠加法计算简单载荷作用下梁的变形位移, 三个杆件的总位移示意图如图 5-25 所示。

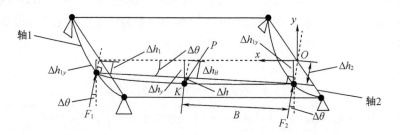

图 5-25 杆件位移示意图

从图 5-25 中可以看出, 由于滑块对导杆的作用力 P, 导致导杆、支撑轴 1 和支撑轴 2 产生变形。导杆左支点由于轴 1 的变形产生下沉, 且下沉量为 Δh_1 并沿力 F_1 所作用的直线方向; 导杆右支点由于轴 2 的变形产生下沉, 且下沉量为 Δh_2 并沿 F_2 所作用的直线方向, 且 Δh_1、Δh_2 计算如下:

$$\begin{cases} \Delta h_1 = \dfrac{5q_1 L_1^4}{384EI} + \dfrac{F_1 L_1^3}{48EI} \\ \Delta h_2 = \dfrac{5q_2 L_2^4}{384EI} + \dfrac{F_2 L_2^3}{48EI} \end{cases} \tag{5-51}$$

式中　　E——弹性模量, GPa;

　　　　I——截面惯性矩, $I = \pi d^4 / 64$。

由于导杆两支点下沉, 导杆两端所构成直线与 x 轴之间的夹角为 $\Delta\theta$, 且 $\Delta\theta$ 近似计算为

$$\Delta\theta = \arctan\left(\frac{|\Delta h_1 - \Delta h_2|}{L}\right) \tag{5-52}$$

当滑块距离右支点 K 处时, 滑块导杆点 K 处变形量相对于两支点下沉之后导杆未变形前的位移量为 Δh, 且位移量 Δh 计算为

$$\Delta h = \frac{qB(L^3 - 2LB^2 + B^3)}{24EI} + \frac{P(L-B)B^2}{3EI} \tag{5-53}$$

滑块导杆点 K 处两支点下沉后相对于机构未变形前沿 F 方向下沉量为 Δh_B, 且沉量 Δh_B 计算如下:

$$\begin{cases} \Delta h_B = B\tan(\Delta\theta) + \Delta h_2, & \Delta h_1 < \Delta h_2 \\ \Delta h_B = \Delta h_2 - B\tan(\Delta\theta), & \Delta h_1 > \Delta h_2 \end{cases} \tag{5-54}$$

所以滑块导杆点 K 在 y 轴方向导杆的总位移 Δh_y 为

$$\Delta h_y = (\Delta h_B + \Delta h)\tan(\Delta\theta) \tag{5-55}$$

将式(5-51)、式(5-52)、式(5-54)代入式并整理,得当 $0 < B \leqslant 0.5L$ 时:

$$\Delta h_y = \left[\frac{B}{L} \left(\frac{F_2 L_2^3 - F_1 L_1^3}{48EI} + \frac{5(q_2 L_2^4 - q_1 L_1^4)}{384EI} \right) + \frac{F_2 L_2^3}{48EI} + \frac{5q_2 L_2^4}{384EI} + \frac{qB(L^3 - 2LB^2 + B^3)}{24EI} + \frac{P(L-B)B^2}{3EI} \right] \cdot$$

$$\sqrt{\frac{L^2}{L^2 + \left(\dfrac{F_2 L_2^3 - F_1 L_1^3}{48EI} + \dfrac{5(q_2 L_2^4 - q_1 L_1^4)}{384EI} \right)^2}} \tag{5-56}$$

当 $0.5L < B \leqslant L$ 时

$$\Delta h_y = \left[\frac{F_2 L_2^3}{48EI} + \frac{5q_2 L_2^4}{384EI} - \frac{B}{L} \left(\frac{F_1 L_1^3 - F_2 L_2^3}{48EI} + \frac{5(q_1 L_1^4 - q_2 L_2^4)}{384EI} \right) + \frac{qB(L^3 - 2LB^2 + B^3)}{24EI} + \frac{P(L-B)B^2}{3EI} \right] \cdot$$

$$\sqrt{\frac{L^2}{L^2 + \left(\dfrac{F_1 L_1^3 - F_2 L_2^3}{48EI} + \dfrac{5(q_1 L_1^4 - q_2 L_2^4)}{384EI} \right)^2}} \tag{5-57}$$

根据腿部机构的受力分析结果可知,滑块导杆点 K 所受的正压力 P 与 K 点所在距离 B 之间关系表达式为

$$P = \frac{M_{r1} \sqrt{\left| 1 - \left(\dfrac{0.044 + 3.91B^2}{B} \right)^2 \right|}}{0.0716 \sqrt{\left| 1 - (1.1735 - 54.56B^2)^2 \right|}} \tag{5-58}$$

根据游动机理与所设计的小腿结构的摆动角度,计算得 $0.10 \leqslant B \leqslant 0.155$。将具体参数代入式(5-58),利用软件编程求解出 P 与 B 的函数图形,如图 5-26(a)所示。同时,将 $q_1 = q_2 = 3.04$ N/m, $L_1 = L_2 = 0.104$ m 及相关参数代入式(5-56)和式(5-57),并用软件编程求解出导杆点 K 在 y 轴方向总位移 Δh_y 与滑块距曲柄转动中心距离 B 函数图形,如图 5-26(b)所示。

从图 5-26(a)中可看出,当滑块在距离右支点 100 mm 处时导杆所受滑块对其作用力竖直方向的分力 P 最大,且 $P_{\max} = 17.18$ N;从图 5-26(b)中可以看出,当滑块在距离右支点 100 mm 处时,导杆与滑块接触位置 K 处变形位移 Δh_y 最大,且 $\Delta h_{y\max} = 0.0001085$ mm。

完成了腿部导杆的集中力 P 和变形量 Δh_y 的计算与分析,得出当滑块在距离右支点 100 mm 位置处,导杆受力最大且导杆变形位移量最大。接下来,取滑块 $B = 100$ mm 位置,采用 ANSYS Workbench 软件,进行静力学仿真并验证计算结果的合理性,并校核结构的刚度。

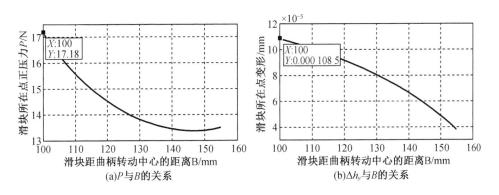

图 5-26 P 与 B 的关系和 Δh_y 与 B 的关系

（2）变形计算

仿潜水员机器人在腿部摆动过程中当 $B = 100$ mm 时，滑块处于行程的极限位置，故滑块和导杆在此位置经历由相对静止到运动的阶段。同时，腿部机构受电机驱动力和水动力的作用，此时滑块的内壁与导杆外壁产生接触。因此，在利用 ANSYS Workbench 软件对腿部关键部件进行静力学仿真时，滑块与导杆之间接触设置为摩擦接触，摩擦系数应设置为二者相互接触的最大静摩擦系数。

腿部机构在水中运动时，滑块与导杆接触的摩擦系数经水的润滑小于无水环境的摩擦系数。由于机器人在下水之前需要进行系统性的调试与测试，并且为了保证腿部结构的可靠性，选取滑块与导杆接触的摩擦系数为运动副无水状态的摩擦系数进行静力学仿真与分析。基于统计学原理的最大静摩擦系数求解方法，对腿部机构中滑块和导杆相接触的最大静摩擦系数进行求解。

最大静摩擦系数的计算公式为

$$\mu_{max} = \frac{T_t^*}{F^*} \tag{5-59}$$

式中 T_t^* 和 F^* 分别是接触区域单个微凸体的切向载荷、法向载荷的无量纲常数，且二者具体计算方法由下式表示。

$$T_t^* = \frac{8\sigma_s\beta}{(6-3v)E}\int_{d^*}^{d^*+\delta_c^*}(z^*-d^*)\varphi^*(z^*)dz^* + \frac{32(1-2v)\beta}{3\pi(6-3v)}\left(\frac{\sigma}{R}\right)^{\frac{1}{2}} \cdot$$

$$\int_{d^*}^{d^*+\delta_c^*}(z^*-d^*)^{\frac{3}{2}}\varphi^*(z^*)dz^* + \frac{8a_1\sigma_s\beta\delta_c^*}{(6-3v)E}\int_{d^*+\delta_c^*}^{d^*+6\delta_c^*}\left(\frac{z^*-d^*}{\delta_c^*}\right)^{b_1}\varphi^*(z^*)dz^* +$$

$$\frac{16a_2(1-2v)kH\beta\delta_c^*}{3(6-3v)E}\int_{d^*+\delta_c^*}^{d^*+6\delta_c^*}\left(\frac{z^*-d^*}{\delta_c^*}\right)^{b_2}\varphi^*(z^*)dz^* \tag{5-60}$$

$$F^* = \frac{4}{3}\beta\left[\frac{\sigma}{R}\right]^{\frac{1}{2}}\int_{d^*}^{d^*+\delta_c^*}(z^*-d^*)^{\frac{3}{2}}\varphi^*(z^*)dz^* + \frac{2a_2\pi kH\beta\delta_c^*}{3E}\int_{d^*+\delta_c^*}^{d^*+6\delta_c^*}\left(\frac{z^*-d^*}{\delta_c^*}\right)^{b_2} \cdot$$

$$\varphi^*(z^*)dz^* + \frac{2a'_2\pi kH\beta\delta_c^*}{3E}\int_{d^*+6\delta_c^*}^{d^*+110\delta_c^*}\left(\frac{z^*-d^*}{\delta_c^*}\right)^{b'_2}\varphi^*(z^*)dz^* + \frac{2\pi H\beta}{E} \cdot$$

$$\int_{d^*+110\delta_c^*}^{+\infty}(z^*-d^*)\varphi^*(z^*)dz^* \tag{5-61}$$

式中 E——材料的复合弹性模量，GPa；

σ——微凸体的标准差；

R——微凸体的曲率半径；

H——两接触面间较软材料的硬度；

K——接触面的硬度系数；

β——粗糙度参数；

z^*、d^* 和 δ_c^*——微凸体的高度、间距和临界变形量无量纲常数；

$\varphi^*(z^*)$——微凸体高度的概率分布函数。

其中，E、k、β、z^*、d^*、δ_c^* 参数的计算公式如下：

$$\begin{cases} \dfrac{1}{E} = \dfrac{1-v_1^2}{E_1} + \dfrac{1-v_2^2}{E_2} \\ k = 0.454 + 0.41v \\ \beta = \eta R\sigma \\ z^* = z/\sigma \\ d^* = d/\sigma \\ \delta_c^* = \left(\dfrac{\pi}{2}\dfrac{kH}{E}\right)^2 \dfrac{R}{\sigma} \end{cases} \qquad (5-62)$$

式中　E_1 和 E_2——接触面两材料的弹性模量,GPa;

　　　v_1 和 v_2——接触面两材料泊松比;

　　　v——较软材料泊松比;

　　　η——微凸体个数的分布密度;

　　　z 和 d——微凸体高度和间距,m。

σ/R 和 β 的值根据 Maietta DM 等学者微观形貌实验确定为 3.02×10^{-4} m 与 $0.041\,4$,根据 Polycarpou 等人修正的 GW 模型,取 $\varphi^*(z^*) = 17e^{-3z}$。将以上数据代入式(5-62),得到以 z^* 为积分变量的表达式。采用复化辛普森法进行求解,最终得到如图 5-27 所示的最大静摩擦系数与触面表面间距 d^* 的变化关系。由图 5-27 可知,滑块与导杆间的最大静摩擦系数基本不随触面表面间距 d^* 的变化而变化,取其平均值为滑块和导杆之间的最大静摩擦系数为 0.28。

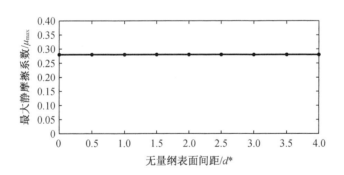

图 5-27　最大静摩擦系数 μ_{max} 随表面间距 d^* 的变化趋势

(3)应变仿真结果

利用 ANSYS Workbench 软件对腿部滑块导杆及相关组件进行静力学仿真时,所求解的最大静摩擦系数值 0.28 设置为滑块与导杆之间接触的摩擦系数。经 ANSYS Workbench 软件建模与仿真,腿部滑块导杆机构静力学仿真模型网格划分结果为网格节点数 147 435、单元数 72 629、平均质量 0.754 61;模型载荷添结果如图 5-28(a)所示;腿部滑块导杆机构静力学仿真后处理结果如图 5-28(b)至图 5-28(d)所示。

从图 5-28(b)中可以看出应变最大处为电机固定座,由电机自身重力引起的应变且最大应变量为 0.012 mm。步进电机允许的最大径向跳动值为 0.02 mm,故不影响电机正常工作。从图 5-28(c)中可以看出,最大等效应力同样在电机固定座根部,最大等效应力为 7.171 1 MPa,远低于许用应力 150 MPa。

从图5-28(d)看出导杆最大应变在左支点为0.000 53 mm;导杆与滑块接触位置处应变位移在0.000 36~0.000 24 mm范围内,而理论计算值为0.000 108 mm,理论计算值小于仿真结果。造成仿真结果与理论计算结果不相符的原因为(1)在应变位移理论计算时只考虑支撑轴与导杆的应变,未考虑侧板、滑块、连杆的应变量;(2)支撑轴并非为光轴,故理论计算值小于仿真结果。

根据腿部摆动角度值的量级并结合运动精度等级,腿部机体摆动角度最大允许误差为$\Delta\varphi'=0.01°$。根据腿部结构运动学分析结果可知,摆动角度的最大允许误差$\Delta\varphi'$与导杆最大允许应变量$\Delta h_y'$之间的关系为$\tan\Delta\varphi'=\Delta h_y'/B$,且$B=100$ mm,进而计算出:导杆最大允许应变量为$\Delta h_y'=0.017$ mm。将腿部结构挠度计算结果与导杆最大允许应变量$\Delta h_y'$进行比较得出,导杆的最大应变量小于导杆最大允许应变量,进而验证了所设计腿部结构的刚度满足机器人正常工作的使用要求。

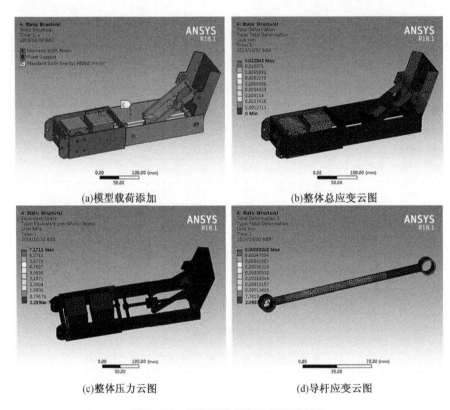

(a)模型载荷添加　　(b)整体总应变云图

(c)整体压力云图　　(d)导杆应变云图

图5-28　腿部滑块导杆机构仿真结果

5.4　仿潜水员机器人的稳定性分析

仿潜水员机器人在重心、浮心控制方面不同于水面航行船舶,仿潜水员机器人下水之后无法自适应调节重心与浮心的位置,因而在设计仿潜水员机器人时要严格控制机器人的重心与浮心。本节将进行仿潜水员机器人重心、浮心计算以及平衡调整,在此过程中选择仿潜水员机器人的腿部初始姿态。

通过仿潜水员机器人本体结构设计结果,可得到机器人各部分组件的体积和质量,并根据 $G = mg$ 和阿基米德定律 $F_f = \rho g V$ 计算出各部分组件重力与浮力。选取机器人上躯干前端面的中心点 O 作为坐标系原点,建立坐标系。

仿潜水员机器人的整机重心、浮心的计算公式为(5 – 63)。

根据本体结构的设计结果,并通过式计算出整机重心与浮心相对于所建坐标系的位置,其具体数值见表 5 – 5 所示。

$$
\begin{cases}
X_G = \dfrac{\sum x_i G_i}{\sum G_i}, \quad Y_G = \dfrac{\sum y_i G_i}{\sum G_i}, \quad Z_G = \dfrac{\sum z_i G_i}{\sum G_i} \\[4mm]
X_F = \dfrac{\sum x'_i F_i}{\sum F_i}, \quad Y_F = \dfrac{\sum y'_i F_i}{\sum F_i}, \quad Z_F = \dfrac{\sum z'_i F_i}{\sum F_i}
\end{cases}
\tag{5 – 63}
$$

式中　G_i——机器人各组件部分的重力,N;

　　　F_i——机器人各组件部分的浮力,N;

　　　$(x_i \backslash y_i \backslash z_i)$——机器人各组件的重心坐标,mm;

　　　$(x'_i \backslash y'_i \backslash z'_i)$——机器人各组件的浮心坐标,mm。

表 5 – 5　仿潜水员机器人整机重心与浮心

名称	重力/N	重心坐标/mm	浮力/N	浮心坐标/mm
整机	177.78	(436.26, 34.88, – 2.15)	194.14	(280.75, 14.48, – 2.3)

仿潜水员机器人的整机重心与浮心坐标 $Y_G > Y_F$,在 xoz 坐标平面内的投影距离大,并产生翻滚力矩。翻滚力矩 M_F、产生的总力 F 和重心、浮心的 y 轴方向距离 h 的计算公式为

$$
\begin{cases}
M_F = \min(F_f, G)\sqrt{(X_G - X_F)^2 + (Z_G - Z_F)^2} \\
F = F_f - G \\
h = Y_G - Y_F
\end{cases}
\tag{5 – 64}
$$

将表 5 – 5 中数值代入式(5 – 64)得:$M_F = 27.6\ \text{N} \cdot \text{m}$,$F = 16.3\ \text{N}$,$h = -20.4$。经计算并分析得出,整机重心在浮心上方,且产生很大的翻滚力矩和合力。因此,要对机器人的翻滚力矩和浮力、重心的相对位置进行调整,才能使得机器人下水之后保持平衡状态。水下机器人最常用的调心方法为添加重力块和浮力块,该方法实施简单且成本低,故采用该方法进行平衡调整。

选取铅块($\rho = 11.34\ \text{g/cm}^3$)和浮力块($\rho = 0.1\ \text{g/cm}^3$)为平衡调整的材料,所配置的重力块、浮力块的重心、浮心和重力、浮力的参数如表 5 – 6 所示。

表5-6 重力块与浮力块的具体参数

名称	重力/N	重心坐标/mm	浮力/N	浮心坐标/mm
重力块	52.33	(-12.14, -90.14, 0)	5.19	(-12.14, -90.14, 0)
浮力块	3.43	(614.84, 74.42, 1.66)	38.81	(614.84, 74.42, 1.66)

经过重新调整之后的整机的重心(X'_G, Y'_G, Z'_G)、浮心(X'_F, Y'_F, Z'_F)、重力G'与浮力F'_f的计算公式如下：

$$
\begin{cases}
X'_G = \dfrac{GX_G + G_1 x_1 + G_2 x_2}{G + G_1 + G_2} \\[2mm]
Y'_G = \dfrac{GY_G + G_1 \dot{y}_1 + G_2 y_2}{G + G_1 + G_2} \\[2mm]
Z'_G = \dfrac{GZ_G + G_1 z_1 + G_2 z_2}{G + G_1 + G_2} \\[2mm]
X'_F = \dfrac{F_f X_F + F_1 x_3 + F_2 x_4}{F_f + F_1 + F_2} \\[2mm]
Y'_F = \dfrac{F_f Y_F + F_1 y_3 + F_2 y_4}{F_f + F_1 + F_2} \\[2mm]
Z'_F = \dfrac{F_f Z_F + F_1 z_3 + F_2 z_4}{F_f + F_1 + F_2} \\[2mm]
G' = G + G_1 + G_2 \\[2mm]
F'_f = F_f + F_1 + F_2
\end{cases}
\tag{5-65}
$$

式中　G_1、G_2——重力块、浮力块的重力，N；

F_1、F_2——重力块、浮力块的浮力，N；

(x_1, y_1, z_1)、(x_2, y_2, z_2)——重力块、浮力块的重心坐标，mm；

(x_3, y_3, z_3)、(x_4, y_4, z_4)——重力块、浮力块的浮心坐标，mm。

经计算，最终得到调整之后整机重心、浮心、重力与浮力，具体数值见表5-7所示。

表5-7 整机重心、浮心、重力与浮力参数

名称	重力/N	重心坐标/mm	浮力/N	浮心坐标/mm
整机	233.54	(336.5, 7.4, -1.6)	238.14	(336.5, 21.1, -1.6)

将调整后整机重心、浮心、重力与浮力参数代入式得：$M_F = 0$ N·m，$F = 4.6$ N，$h = 14$ mm。经重力块与浮力块配置之后，整机的翻滚力矩M_F为0、浮力略大于重力，而且浮心位于重心上方，达到仿潜水员机器人平衡调整要求。同时，整机重心位置的求解结果，为水下运动仿真分析中的机器人坐标系建立提供了理论依据。

5.5 仿潜水员机器人的运动性能仿真

仿潜水员机器人在游动过程中的速度、机体的平稳性和游动效率不仅与游动姿态有关,而且与自身配置的脚蹼尺寸有关。通过对仿潜水员机器人自主游动运动学与动力学的建模,并利用 Fluent 软件提供的动网格和 UDF 技术对仿潜水员机器人的海豚踢泳姿、小铲水泳姿配置不同长度脚蹼的游动速度、机身平稳性、游动的平均效率进行分析,并根据分析结果设定自主游动模式。

5.5.1 仿潜水员机器人自主游动运动模型

建立仿潜水员机器人基于海豚踢泳姿和小铲水泳姿的自主游动的运动学模型和动力学模型,为自主游动性能分析的仿真提供建模理论依据。

在利用 CFD 方法求解机器人自主游动过程中的水动力时,需要不断地更新仿真模型边界和划分计算域网格。由于仿潜水员机器人小腿与脚蹼以及机身本体运动幅度大,故将仿真模型根据机器人外形特征拆分为若干独立闭合内壁面,通过控制各独立闭合面网格的整体运动,进而实现整体模型的网格更新。

在基于 FLUENT 的 UDF 编程中采用 DEFINE_CG_MOTION 函数控制机器人模型各边界面的运动和自行修改其附近网格以适应新的边界面。模型各边界面位姿是相对于计算域固定坐标系,故需要求解膝关节与踝关节在机器人模型运动坐标系的运动参数,然后根据空间坐标变化矩阵求解出关节在固定坐标系中的运动参数,并结合脚蹼和小腿绕自身关节转动参数对各边界面进行位置更新。

由于海豚踢泳姿和小铲水泳姿的单腿摆动规律相同,故将先对单腿进行运动学分析。首先,建立计算域的固定坐标系为 $O-xyz$;然后,将仿潜水员机器人的重心位置作为机器人 $D-H$ 模型的坐标原点,并建立 $D-H$ 模型的大地坐标系 $O_0-x_0y_0z_0$,建立髋关节、膝关节与踝关节的坐标系。所建立的 $D-H$ 模型具体如图 5-29 所示。

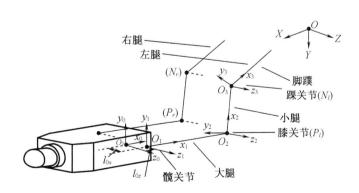

图 5-29 仿潜水员机器人 D-H 模型

根据图 5 - 29 可知，z_1、z_2 坐标轴垂直与纸面向外，大腿长度为 l_1、小腿长度为 l_2、脚蹼长为 l_3，且腿部 D - H 参数表如表 5 - 8 所示。

表 5 - 8　腿部结构 D - H 参数表

i	α_{i-1}	a_{i-1}	d_i	θ_i
1	0	l_{0z}	l_{0x}	θ_1
2	0	l_1	0	θ_2

各相邻关节连杆的坐标变化通式为

$$^{i-1}\boldsymbol{T}_i = \begin{bmatrix} \cos\theta_i & -\sin\theta_i & 0 & a_{i-1} \\ \sin\theta_i\cos\alpha_{i-1} & \cos\theta_i\cos\alpha_{i-1} & -\sin\alpha_{i-1} & -d_i\sin\alpha_{i-1} \\ \sin\theta_i\sin\alpha_{i-1} & \cos\theta_i\sin\alpha_{i-1} & \cos\alpha_{i-1} & d_i\cos\alpha_{i-1} \\ 0 & 0 & 0 & 1 \end{bmatrix} \quad (5-66)$$

在网格控制中，需要将膝关节点 P 和踝关节点 N 的运动参数作为已知量，故将对踝关节点 N 的运动参数进行求解。将各相邻关节的 $\boldsymbol{T}$ 矩阵相乘得到变换矩阵：

$$^0\boldsymbol{T}_2 = {}^0\boldsymbol{T}_1(\theta_1)\cdot{}^1\boldsymbol{T}_2(\theta_2) \quad (5-67)$$

腿踝关节点 N 在坐标系 $O_2 - x_2y_2z_2$ 中的坐标为 $(l_2,0,0)$，将腿踝关节点 N 坐标值与式相乘可得到踝关节点 N 的姿态，即

$$\begin{bmatrix} x_N & y_N & z_N & 1 \end{bmatrix}^{\mathrm{T}} = {}^0\boldsymbol{T}_2\begin{bmatrix} l_2 & 0 & 0 & 1 \end{bmatrix}^{\mathrm{T}} \quad (5-68)$$

结合游动机理研究结果可知，仿潜水员机器人海豚踢泳姿的左、右腿为同步摆动，则左、右腿的踝关节运动方程为

$$\begin{cases} x_{Nr} = x_{Nl} = l_{0z} - l_2(\sin(\theta_1)\sin(\theta_2) - \cos(\theta_1)\cos(\theta_2)) + l_1\cos(\theta_1) \\ y_{Nr} = y_{Nl} = l_2(\cos(\theta_1)\sin(\theta_2) + \sin(\theta_1)\cos(\theta_2)) + l_1\sin(\theta_1) \\ z_{Nr} = -l_{0x}, \quad z_{Nl} = l_{0x} \end{cases} \quad (5-69)$$

式中　(x_{Nr}, y_{Nr}, z_{Nr})——右踝关节坐标；

(x_{Nl}, y_{Nl}, z_{Nl})——左踝关节坐标。

根据仿潜水员游动机理研究结果得知，在机器人直行自主游动过程中 θ_1、θ_2 为

$$\begin{cases} \theta_1 = 0 \\ \theta_2 = \dfrac{\pi}{2} - \Delta\varphi_1(t - nT) \\ (n-1)T \leqslant t < nT \end{cases} \quad (5-70)$$

式中　n——第 n 个周期，$n = 1,2,3\cdots$

仿潜水员机器人小铲水泳姿的左腿、右腿为交错摆动，则左腿、右腿的踝关节运动方程分别为

$$\begin{cases} x_{Nl} = l_{0z} - l_2(\sin(\theta_{1l})\sin(\theta_{2l}) - \cos(\theta_{1l})\cos(\theta_{2l})) + l_1\cos(\theta_{1l}) \\ y_{Nl} = l_2(\cos(\theta_{1l})\sin(\theta_{2l}) + \sin(\theta_{1l})\cos(\theta_{2l})) + l_1\sin(\theta_{1l}) \\ z_{Nl} = l_{0x} \end{cases} \quad (5-71)$$

$$\begin{cases} x_{Nr} = l_{0z} - l_2 \left(\sin(\theta_{1r}) \sin(\theta_{2r}) - \cos(\theta_{1r}) \cos(\theta_{2r}) \right) + l_1 \cos(\theta_{1r}) \\ y_{Nr} = l_2 \left(\cos(\theta_{1r}) \sin(\theta_{2r}) + \sin(\theta_{1r}) \cos(\theta_{2r}) \right) + l_1 \sin(\theta_{1r}) \\ z_{Nr} = - l_{0x} \end{cases} \quad (5-72)$$

其中，θ_{1l}、θ_{2l}、θ_{1r}、θ_{2r}为

$$\begin{cases} \theta_{1l} = 0 \\ \theta_{2l} = \dfrac{\pi}{4} + \Delta\varphi_1 (t - n\boldsymbol{T}) \end{cases}$$

$$\begin{cases} \theta_{1r} = 0 \\ \theta_{2r} = \dfrac{\pi}{2} - \Delta\varphi_1 (t - n\boldsymbol{T}) \end{cases} \quad (5-73)$$

基于以上对仿潜水员机器人踝关节在运动坐标系中位姿求解结果，求解出仿潜水员机器人模型各个关节在计算域坐标系中的运动速度为

$$v_P = v_G = \begin{bmatrix} \dot{x}_G \\ \dot{y}_G \\ \dot{z}_G \end{bmatrix}$$

$$v_N = v_G + \begin{bmatrix} \dot{x}_N \\ \dot{y}_N \\ \dot{z}_N \end{bmatrix} \quad (5-74)$$

式中　v_G——机体坐标系相对于固定坐标系的速度；

v_P、v_N——模型膝关节、踝关节相对于固定坐标系的速度。

将求解的机体、膝关节、踝关节的平移运动参数 v_G、v_P、v_N 和小腿、脚蹼的转动速度代入 UDF 程序中即可完成机器人模型的网格控制。仿潜水员机器人自主游动是由腿部摆动产生的水动力进行驱动。根据 Kutta – Jowkoski 定理和 BLAKE 的鳍翼水动力结论，脚蹼和小腿的微元段 dr 的水动力由升力的 dF_L、黏性摩擦阻力 dF_D 和附加质量力 dF_m 组成，如图 5 - 30 所示。其中，水力攻角 β 为合速度 v 和击水平面的夹角，v_0 为机器人机体游动的速度，v_r 为微元段的速度。根据叶元运动受力分析和腿部几何模型求解出小腿机体和脚蹼的水动力如下：

$$\begin{cases} F_{D1} = \dfrac{1}{2}\rho C_D \displaystyle\int_0^{L_1} v_1^2 (1 - \cos 2\beta_1) B_1 \mathrm{d}r \\ F_{L1} = \dfrac{1}{2}\rho C_L \displaystyle\int_0^{L_1} v_1^2 \sin \beta_1 B_1 \mathrm{d}r \\ F_{m1} = \pi\rho \displaystyle\int_0^{L_1} \left(\dfrac{B_1}{2} \right)^2 \dot{v}_1 r \mathrm{d}r \end{cases}$$

$$\begin{cases} F_{D2} = \dfrac{1}{2}\rho C_D \displaystyle\int_0^{L_2} v_2^2 (1 - \cos 2\beta_2)(B_2 + 2r\tan \lambda) \mathrm{d}r \\ F_{L2} = \dfrac{1}{2}\rho C_L \displaystyle\int_0^{L_2} v_2^2 \sin \beta_2 (B_2 + 2r\tan \lambda) \mathrm{d}r \\ F_{m2} = \pi\rho \displaystyle\int_0^{L_2} \left(\dfrac{B_2 + 2r\tan \lambda}{2} \right)^2 \dot{v}_2 r \mathrm{d}r \end{cases} \quad (5-75)$$

式中　C_D、C_L——阻力系数和升力系数；

F_{D1}、F_{l1}、F_{m1}——单只小腿产生的升力、摩擦阻力和附加质量力，N；

F_{D2}、F_{l2}、F_{m2}——单只脚蹼产生的升力、摩擦阻力和附加质量力，N。

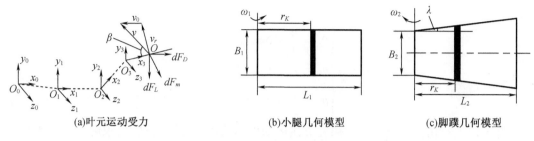

(a)叶元运动受力　　　　　　(b)小腿几何模型　　　　　　(c)脚蹼几何模型

图 5 – 30　水动力分析示意图

所以有单只小腿和脚蹼产生的总受力为

$$\begin{cases} F_1 = F_{L1} + F_{D1} + F_{m1} \\ F_2 = F_{L2} + F_{D2} + F_{m2} \end{cases} \tag{5 – 76}$$

式中　F_1、F_2——单只小腿和脚蹼的总的水动力，N。

仿潜水员机器人自主游动过程中，将小腿、脚蹼、机体产生的水动力经坐标变化并叠加于机器人坐标系，且所受总的力 F 和力矩 M 为

$$\begin{cases} F = T^l_{1-tra}F_{l1} + T^l_{2-tra}F_{l2} + T^r_{1-tra}F_{r1} + T^r_{2-tra}F_{r2} + F_D \\ M = M_{l1} + M_{l2} + M_{r1} + M_{r2} + M_D \end{cases} \tag{5 – 77}$$

式中　F_D、M_D——机器人机体的阻力和阻力矩；

F_{l1}、F_{l2}、F_{r1}、F_{r2}——左、右腿的小腿、脚蹼产生的水动力；

T^l_{1-tra}、T^r_{1-tra}——左、右腿的膝关节坐标系与机体坐标系之间的状态转化矩阵；

T^l_{2-tra}、T^r_{2-tra}——左、右腿的踝关节坐标系与机体坐标系之间的状态转化矩阵；

M_{l1}、M_{l2}、M_{r1}、M_{r2}——左、右腿的小腿、脚蹼产生的水动力矩。

仿潜水员机器人的运动学方程为

$$F = \frac{d(mv)}{dt}$$

$$M = \frac{d(I\boldsymbol{\omega})}{dt} \tag{5 – 78}$$

式中　$\boldsymbol{v}$——仿潜水员机器人速度，$\boldsymbol{v} = [v_x, v_y, v_z]^T$；

$\boldsymbol{\omega}$——仿潜水员机器人角速度，$\boldsymbol{\omega} = [\omega_x, \omega_y, \omega_z]^T$。

得出仿潜水员机器人机体坐标运动姿态为

$$\boldsymbol{r} = \begin{bmatrix} r_x \\ r_y \\ r_z \end{bmatrix} = \begin{bmatrix} r_{x0} \\ r_{y0} \\ r_{z0} \end{bmatrix} + \int v \mathrm{d}t$$

$$\begin{bmatrix} \varphi \\ \theta \\ \psi \end{bmatrix} = \begin{bmatrix} \varphi_0 \\ \theta_0 \\ \psi_0 \end{bmatrix} + \int \omega \mathrm{d}t \tag{5-79}$$

式中　$[r_{x0}, r_{y0}, r_{z0}]^{\mathrm{T}}$——机器人初始位置；

　　$[\varphi_0, \theta_0, \psi_0]^{\mathrm{T}}$——机器人初始角度。

由于仿潜水员机器人的机体外形复杂以及游动速度并非常量，通过解析法无法计算出机体各部的水动力。因此，通过 Fluent 软件提供的 UDF 进行编程并使用 Compute_Force_And_Moment 函数求解出机器人小腿、脚蹼、机体的水动力、水动力矩，将各部分求解的水动力代入式得到整体的水动力和水动力矩，然后根据、更新仿潜水员机器人的位姿和姿态角。完成仿潜水员机器人自主游动的运动学与动力学模型的建立，为自主游动仿真的 UDF 编程提供位姿更新和网格控制的理论依据。

5.5.2　仿潜水员机器人运动仿真模型

1. 自主游动效率定义

仿潜水员机器人自主游动过程中，通过小腿和脚蹼摆动产生的推进实现游动，在游动过程中的输入功 W_{in} 为

$$W_{in} = \int (M_{l1}\omega_{l1} + M_{l2}\omega_{l2} + M_{r1}\omega_{r1} + M_{r2}\omega_{r2}) \mathrm{d}t \tag{5-80}$$

式中　M_{l1}、M_{r1}、M_{l2}、M_{r2}——左、右腿小腿和脚蹼的水动力矩，N·m；

　　ω_{l1}、ω_{r1}、ω_{l2}、ω_{r2}——左、右腿小腿和脚蹼的转动速度，rad/s。

游动过程中的输出功为 W_{out} 为

$$W_{out} = \int (F_{l1} + F_{l2} + F_{r1} + F_{r2}) u \mathrm{d}t \tag{5-81}$$

式中　u——自主游动速度，m/s；

　　F_{l1}、F_{r1}、F_{l2}、F_{r2}——左、右腿小腿和脚蹼产生的推力，N。

通过潜水员游动过程的分析可知，潜水员自主游动过程分为启动阶段和平稳游动阶段，且启动阶段处于加速状态。这样，分析平稳游动阶段一个运动周期内的平均效率，且平均效率表示为

$$\bar{\eta} = \frac{W_{T-out}}{W_{T-in}} = \frac{\int_0^T (F_{l1} + F_{l2} + F_{r1} + F_{r2}) u \mathrm{d}t}{\int_0^T (M_{l1}\omega_{l1} + M_{l2}\omega_{l2} + M_{r1}\omega_{r1} + M_{r2}\omega_{r2}) \mathrm{d}t} \tag{5-82}$$

式中　W_{T-out}、W_{T-in}——平稳游动一个运动周期内的输出功、输入功。

2. 计算域建立与网格划分

专业潜水员使用的脚蹼为专业潜用脚蹼，其宽约为脚掌宽的 2 倍、长度为掌长的 1.5 倍以上倍数。研制仿潜水员机器人配置的脚蹼在满足专业潜用脚蹼的尺寸比列的情况下，设计了两款长度不同的脚蹼，并对其游动性能进行了研究。其中，短脚蹼长度为 20 cm、长脚

蹼长度为 35 cm。

仿潜水员机器人,在每次下水之前可以根据不同的工作条件更换不同类型的脚蹼。当水平方向运动范围较大、运动时间较长时,选择游动效率高、速度大的长脚蹼;当对机器人平稳性要求高时,选择平稳性好、速度小的短脚蹼。对平稳性和游动速度无太高要求时,为了减少能量的损耗选择效率高的长脚蹼。

在 CFD 计算过程中出现外部绕流,需要在机器人模型外部添加计算区域。计算域选择为长方体,在流体流动方向的尺寸约为机器人本体尺寸的 5 倍,垂直于流体流动方向的尺寸约为机器人本体尺寸的 4 倍。在 MESHING 模块中对仿潜水员机器人仿真模型进行网格划分,网格划分结果如图 5 - 31 所示。

不同的工作状态对应的脚蹼类型和游动姿态设置见表 5 - 9 所示。

(a)模型与网格截面

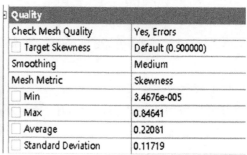
(b)网格质量

图 5 - 31　计算域及网格划分结果

表 5 - 9　仿潜水员机器人游动模式和脚蹼类型配置

工作状态	游动姿态	工作状态	脚蹼类型
远距离游动	海豚踢泳姿	大范围游动	长脚蹼
监视与检测	小铲水泳姿	平稳性高	短脚蹼
转弯运动	海豚踢泳姿	一般情况	长脚蹼

5.5.3　仿潜水员机器人自主游动仿真

根据自主游动的运动学、动力学建模和数值计算理论分析、仿真模型的建立,利用 Fluent 软件求解出仿潜水员机器人的海豚踢泳姿和小铲水泳姿,配置不同脚蹼游动的速度、机身水动力矩和平均效率,并对仿真结果进行分析。

1. 自主游动的速度、机体力矩与平均效率

仿潜水员机器人采用短脚蹼时不同泳姿的自主游动速度如图 5 - 32 所示,图 5 - 32(a)为基于海豚踢泳姿的游动速度、图 5 - 32(b)为基于小铲水泳姿的游动速度。

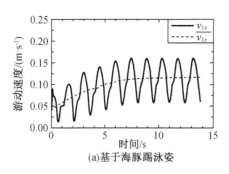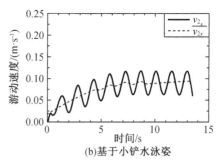

图 5-32 短脚蹼游动速度

从图 5-32 可看出,在 0~3 s 内,仿潜水员机器人的游动速度从静止开始逐渐增大,由于腿部摆动扰动流体而流体未达到稳定运动状态,导致速度出现异常波动。随着时间的增加速度波动逐渐稳定,二者大约在 9 s 之后达到稳定波动,且海豚踢泳姿的速度 v_{1s} 振幅为 0.05 m/s、平均速度 $\overline{v}_{1s}$ 为 0.115 m/s,小铲水泳姿的速度 $v_{2}s$ 振幅为 0.035 m/s、平均速度 $\overline{v}_{2s}$ 为 0.095 m/s。同时,根据效率的定义计算得到短脚蹼海豚踢姿态的平均效率为 4.9%、小铲水姿态的平均效率为 4.2%。

仿潜水员机器人采用短脚蹼时不同泳姿的机体所受力矩如图 5-33 所示,图 5-33(a) 为基于海豚踢泳姿的机体所受力矩、图 5-33(b) 为基于小铲水泳姿的机体所受力矩。

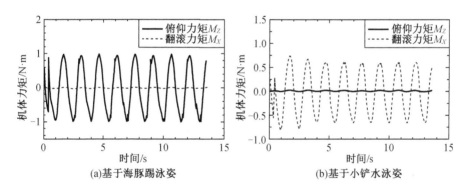

图 5-33 机体所受力矩

从图 5-33 中可以看出,在 0~3 s 中,仿潜水员机器人自主游动机体所受的水动力矩出现异常波动;造成异常波动的原因是在前两个运动周期内,机器人仿真处于启动阶段,流体并未达到稳定运动状态。在 3 s 之后机体力矩逐渐呈稳定波动状态,海豚踢泳姿的机体的俯仰力矩 M_z 的振幅为 1.0 N·m,翻滚力矩 M_x 的振幅为 0.018 N·m;小铲水泳姿的机体翻滚力矩 M_x 的振幅为 0.62 N·m,俯仰力矩 M_z 的振幅为 0.022 N·m。

仿潜水员机器人采用长脚蹼时不同游动姿态的自主游动速度如图 5-34 所示,图 5-34(a) 为基于海豚踢泳姿的游动速度、图 5-34(b) 为基于小铲水泳姿的游动速度。

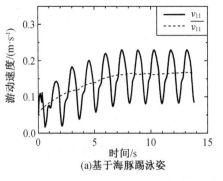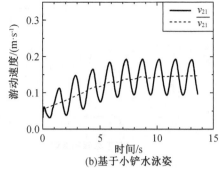

图5-34 长脚蹼游动速度

从图5-34可看出,在0~3 s内,仿潜水员机器人的游动速度从静止开始逐渐增大,由于腿部摆动扰动流体而流体未达到稳定运动状态,导致速度出现异常波动。随着时间的增加速度波动逐渐稳定,二者在10.5 s之后达到稳定波动,且海豚踢泳姿的速度 v_1 振幅为0.07 m/s、平均速度 $\bar{v}_1$ 为0.165 m/s,小铲水泳姿的速度 v_2 振幅为0.052 m/s、平均速度 $\bar{v}_2$ 为0.14 m/s。同时,根据效率的定义计算的长脚蹼海豚踢泳姿的平均效率为5.3%、小铲水姿态的平均效率为4.7%。

仿潜水员机器人采用长脚蹼时不同泳姿的机体所受力矩如图5-35所示,图5-35(a)为基于海豚踢泳姿的机体所受力矩、图5-35(b)为基于小铲水泳姿的机体所受力矩。

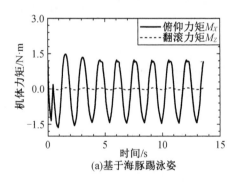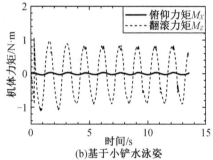

图5-35 机体所受力矩

从图5-35中可以看出,在0~3 s中,仿潜水员机器人自主游动机体所受的水动力矩出现异常波动;造成异常波动的原因是在前两个运动周期内,仿真处于启动阶段,流体并未形成稳定运动状态。在3 s之后机体力矩逐渐呈稳定波动状态,海豚踢泳姿的机体俯仰力矩 M_z 的振幅为1.4 N·m,翻滚力矩 M_x 的振幅为0.02 N·m;小铲水泳姿的机体翻滚力矩 M_x 的振幅为0.9 N·m,俯仰力矩 M_z 的振幅为0.024 N·m。

2. 机器人基于长脚蹼的漩涡结构

仿潜水员机器人在自主游动中基于短脚蹼和长脚蹼的流场特征基本相同,故以长脚蹼为例,进行自主游动的流场特征分析。如图5-36所示为仿潜水员机器人海豚踢泳姿自主游动在一个运动周期内的流场特征。

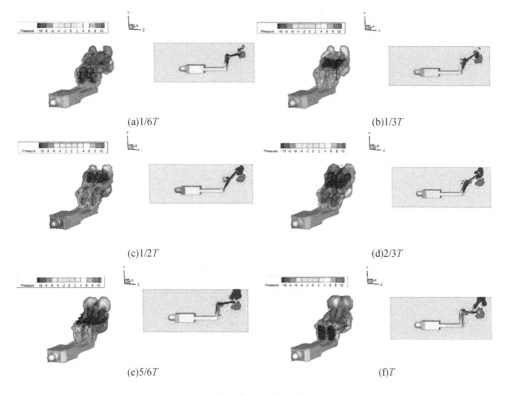

(a)1/6T　　　　　　　　　　　　　　(b)1/3T

(c)1/2T　　　　　　　　　　　　　　(d)2/3T

(e)5/6T　　　　　　　　　　　　　　(f)T

图 5 – 36　基于海豚踢泳姿的流场特征

从图 5 – 36 可以看出,随着仿潜水员机器人脚蹼的摆动运动,在靠近脚蹼端部的流场产生尾涡并以反卡门涡街形式呈现。单个涡的形成至脱落的时间约为 1/2T,对应于机器人机体加、减速运动的转折处。由脚蹼运动形成的脱落涡对带的中间引导的向后射流,对机体的前进运动起着促进作用。在一个运动周期内,由多个涡对诱导形成正弦射流推动机体完成游动。由于海豚踢泳姿的腿部为同步运动,故两只脚蹼产生的漩涡存在合并现象,进而增加涡的强度。因此,海豚踢泳姿的速度大、游动效率高,同时机体俯仰方向的平稳性较差。

如图 5 – 37 所示为仿潜水员机器人基于小铲水泳姿自主游动在一个运动周期内的流场特征。从图 5 – 37 可以看出,基于小铲水泳姿单腿运动所产生尾涡的生成至脱落的过程与海豚踢泳姿的单腿尾涡基本相同。与海豚踢泳姿相比,小铲水泳姿的尾涡区域的压力变化范围小且前后压差小,进而推进力减小。同时,由于小铲水泳姿的左右腿摆动为交错进行,整个运动周期内左右脚蹼末端分别生成互不耦合的单列涡,且尾涡并不完全耗散在机体后侧,脱落涡对机体的推进作用减小,进而导致小铲水泳姿的速度小、游动效率低,以及机体在翻滚方向的机体平稳性差,但交错摆动能够保证机体在垂向面运动的平稳性,故机体受到的俯仰力矩较小。

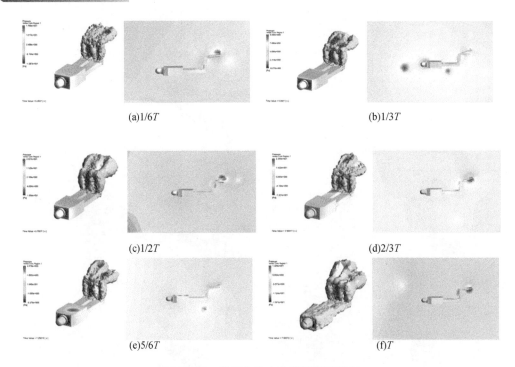

(a)1/6T

(b)1/3T

(c)1/2T

(d)2/3T

(e)5/6T

(f)T

图 5 – 37   基于小铲水泳姿的流场特征

3. 自主游动仿真结果分析

将仿真结果进行横向对比得出,由于海豚踢泳姿的双腿踢腿和收腿运动为同步进行,双腿运动产生的推力(阻力)同步叠加;而小铲水泳姿的双腿踢腿和收腿的运动为交错进行,左右腿产生的推力(阻力)或阻力(推力)作用于机体时会相互抵消一部分。因此,海豚踢泳姿平均速度、速度振幅均大于小铲水泳姿,且前者的平均速度约近似为后者的 1. 2 倍。海豚踢泳姿和小铲水泳姿的单腿摆动规律相同,二者的关节驱动力矩基本相同,进而输入功相同;但是,海豚踢泳姿自主游动的速度明显大于小铲水泳姿,加之叠加推力也大,进而输出功也大。因此,海豚踢泳姿自主游动的效率大于小铲水泳姿。

根据仿潜水员机器人双腿对称设计结果可知,海豚踢泳姿的双腿产生的水动力在 y 轴方向的分力方向一致且对称分布于 xy 平面两侧,进而海豚踢泳姿机体所受的水动力矩主要为俯仰力矩 M_z、翻滚力矩 M_x,其数值很小可以忽略不计。小铲水泳姿双腿产生的水动力在 y 轴方向的分力方向相反并均匀分布于 xy 平面两侧,进而小产泳姿的机体所受的水动力矩主要为翻滚力矩 M_x、俯仰力矩 M_z 也很小。因此,海豚踢泳姿在俯仰方向的平稳性差于小铲水泳姿,但在翻滚方向的平稳优于小铲水泳姿。将二者的机体力矩进行总体对比,小铲水泳姿的机体平稳性更好。

将仿真结果进行纵向对比得出,表面积小的短脚蹼产生的水动力小于长脚蹼,进而产生的推力和 y 轴方向的分力也小。因此,短脚蹼的平均速度、速度振幅,以及机体所受的俯仰力矩和翻滚力矩均小于长脚蹼,且短脚蹼的机体平稳性要优于长脚蹼。同时,随着脚蹼长度的增加,流体作用于脚蹼表面的压力分布逐渐远离关节转轴,进而驱动力矩也增加,虽然输出功和输入功同时增大,但从整体分析小脚蹼的效率小于长脚蹼。

5.5.4　仿潜水员机器人运动性能

仿潜水员机器人在水下需要完成直行、下潜、转弯等运动,同时携带视觉检测模块和深度检测模块进视觉检测和深度检测。深度检测传感器安装于机器人坐标系 z 轴方向机体下表面,视觉传感器安装于机器人坐标系 x 轴方向的机体前端面。在视觉检测和深度检测过程中,对机器人机体平稳性要求高。由机体平稳性分析可知,小铲水泳姿在俯仰方向的平稳性高。同时,结合视觉传感器和深度传感的安装位置,当机器人执行视觉检测和深度检测时,选择小铲水泳姿。在远距离水平方向运动时,选择游动效率高、速度大的海豚踢泳姿。在转弯运动过程中,对机体的平稳性要求不高,选择游动效率高、速度大的海豚踢泳姿。

仿潜水员机器人为了实现精确的下潜深度控制,需要建立下潜运动的数学模型和配置合理的下潜动力系统,通过下潜运动 CFD 仿真的分析配置下潜动力系统。

1. 空间运动坐标系建立

建立仿潜水员机器人空间运动坐标系,如图 5－38 所示:固定坐标系为 $E-\xi\eta\zeta$,运动(机器人)坐标系为以重心为原点的 $G-xyz$ 坐标系,二者符合右手定则。机器人下潜运动在平行于坐标平面 $\xi-E-\zeta$ 的平面内,直行游动在平行于坐标平面 $\xi-E-\eta$ 的平面内。

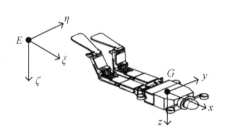

图 5－38　机器人空间运动坐标系建立

根据建立的空间运动坐标系,机器人运动坐标系相对于固定坐标系的运动姿态及机器人受外力、外力矩的参数说明:速度 $V(u,v,w)$、角速度 $\Omega(p,q,r)$、力 $F(X,Y,Z)$、力矩 $M(K,N,M)$、姿态角 (φ,θ,ψ)。

2. 运动方程建立

根据动量定理和动量力矩定理可求解出机器人具有六个自由度的运动方程,结合仿潜水员机器人的下潜运动情况,只进行平移运动方程的建立。假设重心与机器人坐标系不重合,且坐标为 $(X_G、Y_G、Z_G)$。重心 G 的绝对速度为

$$V_G = V + \Omega \times R_G \tag{5-83}$$

式中　V_G——重心绝对速度;

$\qquad R_G$——重心到动坐标的距离,即 $(X_G、Y_G、Z_G)$;

$\qquad V$——运动坐标系的绝对速度。

由动量定理可知,作用在重心上外力的矢量为

$$F = m \frac{dV_G}{dt} = m \left[\frac{dV}{dt} + \Omega \times V + \frac{d\Omega}{dt} \times R_G + \Omega \times R_G \right] \qquad (5-84)$$

将定义的运动参数代入式,得到平移运动方程:

式中 $\dot{u}$、$\dot{v}$、$\dot{w}$、$\dot{q}$、$\dot{r}$、$\dot{p}$——六自由度的加速度与角加速度。

3. 水动力特性

对仿潜水员机器人下潜运动的水动力进行分析时,只考虑机器人运动速度、加速度、角速度和角加速度的影响因素。仿潜水员机器人的水动力特性表示为

$$F = f(V, \quad \dot{V}, \quad \Omega, \quad \dot{\Omega}) \qquad (5-85)$$

水动力特性表达式为一个多元函数,对其使用泰勒级数进行展开,具体展开式为

$$F = F_0 + \sum_{k=1}^{n} \frac{1}{(2k-1)} \Big\{ \Big[\Delta u \frac{\partial}{\partial u} + \Delta v \frac{\partial}{\partial v} + \Delta w \frac{\partial}{\partial w} + \Delta p \frac{\partial}{\partial p} + \Delta q \frac{\partial}{\partial q} + \Delta r \frac{\partial}{\partial r} +$$

$$\Delta \dot{u} \frac{\partial}{\partial \dot{u}} + \Delta \dot{v} \frac{\partial}{\partial \dot{v}} + \Delta \dot{w} \frac{\partial}{\partial \dot{w}} + \Delta \dot{p} \frac{\partial}{\partial \dot{p}} + \Delta \dot{q} \frac{\partial}{\partial \dot{q}} + \Delta \dot{r} \frac{\partial}{\partial \dot{r}} \Big]^{2k-1} F \Big\} \qquad (5-86)$$

式中 F_0——F 在展开点所对应的值;

Δu、Δv、Δw、Δp、Δq、Δr——各自变量展开点的增量。

仿潜水员机器人运动速度相对来说很慢,故仿潜水员机器人在运动中所受的水动力只与当前运动状态相关。仿潜水员机器人的水动力包括黏性水动力与惯性水动力。

4. 黏性类水动力

在泰勒级数展开过程中,选取速度与角速度为展开点,则下潜运动方向的黏性类水动力表达式为

$$Z' = Z_0 + Z_w w + Z_q q + Z_{q|q|} q|q| + Z_{ww} w^2 + Z_{vv} v^2 + Z_{rr} r^2 + Z_{pp} p^2 + Z_{w|w|} w \left| \sqrt{v^2 + w^2} \right| +$$

$$Z_{ww} \left| w \sqrt{v^2 + w^2} \right| + Z_{w|q|} \frac{w}{|w|} \left| w \sqrt{v^2 + w^2} \right| |q| + Z_{wq} wq + Z_{vp} vp + Z_{pr} pr + Z_{vr} vr +$$

$$Z_{|w|} |w| \qquad (5-87)$$

式中 Z'——下潜运动方向的黏性类水动力。

5. 惯性类水动力

惯性水动力是由机器人运动过程中带动周围的流体,导致周围流体的运动状态改变进而产生惯性力并作用于机器人机体。惯性类水动力的表示为

$$F_i = -\sum_{j=1}^{6} \lambda_{ij} \dot{U}_j \qquad (5-88)$$

式中 F_i——六个方向的惯性类水动力;

$\dot{U}_j$——代表($\dot{u}$, $\dot{v}$, $\dot{w}$, $\dot{p}$, $\dot{q}$, $\dot{r}$);

λ_{ij}——附加质量,$i,j = 1 \sim 6$。

附加质量 λ_{ij} 共有 36 项,其中 21 项相互独立。仿潜水员机器人左右对称,$\dot{u}$, $\dot{w}$, $\dot{q}$ 不会引起 Y、K、N 的产生,故 $i+j$ 为奇数的附加质量为 0,且动坐标系原点为重心,则惯性水动力矩阵为式 5-89 所示。

$$F_i = \begin{bmatrix} \dfrac{1}{2}\rho L^3 X_{\dot{u}} & 0 & 0 & 0 & 0 & 0 \\ 0 & \dfrac{1}{2}\rho L^3 Y_{\dot{v}} & 0 & \dfrac{1}{2}\rho L^4 K_{\dot{v}} & 0 & \dfrac{1}{2}\rho L^4 N_{\dot{v}} \\ 0 & 0 & \dfrac{1}{2}\rho L^3 Z_{\dot{w}} & 0 & \dfrac{1}{2}\rho L^4 M_{\dot{w}} & 0 \\ 0 & \dfrac{1}{2}\rho L^4 Y_{\dot{p}} & 0 & \dfrac{1}{2}\rho L^5 K_{\dot{p}} & 0 & \dfrac{1}{2}\rho L^5 N_{\dot{p}} \\ 0 & 0 & \dfrac{1}{2}\rho L^4 Z_{\dot{q}} & 0 & \dfrac{1}{2}\rho L^5 M_{\dot{q}} & 0 \\ 0 & \dfrac{1}{2}\rho L^4 Y_{\dot{r}} & 0 & \dfrac{1}{2}\rho L^5 K_{\dot{r}} & 0 & \dfrac{1}{2}\rho L^5 N_{\dot{r}} \end{bmatrix} \begin{bmatrix} \dot{u} \\ \dot{v} \\ \dot{w} \\ \dot{p} \\ \dot{q} \\ \dot{r} \end{bmatrix} \tag{5-89}$$

6. 下潜运动数学模型解耦

仿潜水员机器人在下潜运动过程中不仅受水动力作用,还包括静力、驱动力的影响。其中,静力主要由机器人机身的重力和浮力组成,已经对重力与浮力进行调整,则静力可忽略不计;仿潜水员机器人只需要下潜运动控制,故只进行垂向动力学方程的建立。综上运动学、黏性水动力、惯性水动力分析,求解出仿潜水员机器人下潜运动动力学模型为式(5-90)所示。

仿潜水员机器人的重心与机器人坐标系原点重合,重、浮心位于同一垂线,即 $X_G = Y_G = Z_G = 0$。同时,在下潜过程中只考虑直线下潜运动,故 $u = v = r = q = p = 0$。仿潜水员机器人下潜运动要求平稳性好,故不考虑加速度项与加速度项耦合的水动力系数及二阶以上的水动力系数,将以上参数代入式(5-89),并化简得到机器人下潜的非线性动力学模型为式(5-91)所示。

$$m\left[(\dot{w} - uq + vp) - Z_G(q^2 + p^2) + X_G(rp - \dot{q}) + Y_G(rq + \dot{p})\right]$$

$$= \frac{\rho}{2}L^4\left[Z'_{\dot{q}}\dot{q} + Z'_{pp}p^2 + Z'_{rr}r^2 + Z'_{rp}rp\right] + \frac{\rho}{2}L^3\left[Z'_{\dot{w}}\dot{w} + Z'_{vr}vr + Z'_{vp}vp\right] +$$

$$\frac{\rho}{2}L^3\left[Z'_q uq + Z'_{w|q|}\frac{w}{|w|}\sqrt{v^2 + w^2}\,|q|\right] + \frac{\rho}{2}L^2\left[Z'_u u^2 + Z'_w uw + Z'_{u|w|}|w|\sqrt{v^2 + w^2}\right] +$$

$$\frac{\rho}{2}L^2\left[Z'_{|w|}u|w| + Z'_{vv}v^2 + Z'_{w|w|}w|w|\sqrt{v^2 + w^2}\right] + Z_P \tag{5-90}$$

$$m\dot{w} = Z_{ww}w^2 + Z_p \tag{5-91}$$

式中　　Z_{ww}——水动力系数;

　　　　Z_p——驱动力,N。

5.5.5　仿潜水员机器人下潜运动仿真

在仿潜水员机器人下潜数学模型中含有未知量水动力系数。基于 Fluent 软件对仿潜水员机器人匀速下潜运动进行仿真与分析,为水动力系数的求解和下潜运动动力系统配置奠定了基础。

1. Fluent 仿真模型

为在 CFD 计算过程中收敛、提高计算速度以及便于划分网格,将仿潜水员机器人的三维模型进行化简:腿部结构简化成板件、机器人的内部腔体的控制系统硬件进行整体化处理、将腰部刚性化,得到与机器人本体结构外形轮廓尺寸一致的简化模型。

在 CFD 仿真过程中出现外部绕流,故需要在机器人模型外部添加计算区域。本文选择矩形计算域,尺寸为 2m × 2m × 5m。流体域创建完成后,使用 MESHING 模块进行网格划分:在流固边界处进行网格细化处理,且网格节点数为 47 319、单元数为 262 320、网格平均质量为 0.836。

2. Fluent 仿真结果及分析

分别做下潜速度从 0.1 ~ 1 m/s 以 0.1 m/s 为间隔的 Fluent 仿真。不同下潜速度的 Fluent 仿真求解得到匀速下潜的阻力值如表 5 - 10 所示,下潜速度 0.1 m/s 仿真的后处理结果如图 5 - 39 所示。图 5 - 39(a)和图 5 - 39(b)为下潜运动机器人表面压力分布云图,由两幅图可以看出机器人机体下表面为正压力分布区,因为下表面最先阻挡水流,使得流体作用于机体产生正压力。根据图 5 - 39(c)、图 5 - 39(d)并结合压力云图可看出,在下潜运动过程中机器人机体上表面脱离流体产生涡流,导致机器人机体上表面为负压力区。从图 5 - 39(d)可以看出,下潜过程中流体的流速关于机器人中心平面对称分布。仿潜水员机器人在下潜运动过程中机体在翻滚方向平稳性好,以及流体最大压强差和由压强差产生的最大阻力主要集中于机器人上机体,为下潜运动推进器的布置提供了理论依据。

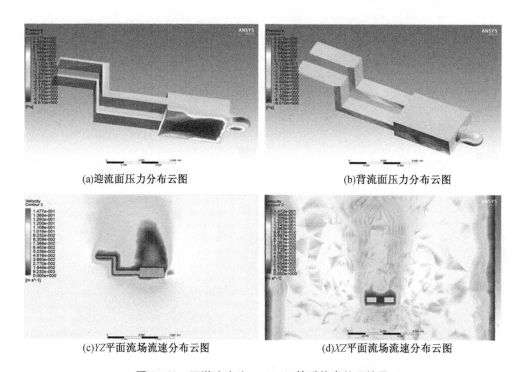

(a)迎流面压力分布云图　　　　　　　　(b)背流面压力分布云图

(c)YZ平面流场流速分布云图　　　　　　(d)XZ平面流场流速分布云图

图 5 - 39　下潜速度为 0.1 m/s 的后仿真处理结果

表 5 - 10　匀速下潜阻力值

速度/(m·s⁻¹)	0.1	0.2	0.3	0.4	0.5	0.6	0.7	0.8	0.9	1.0
总阻力/N	-1.50	-6.01	-13.58	-24.274	-37.37	-54.16	-73.4	-95.89	-121.52	-149.98

仿潜水员机器人下潜匀速运动仿真求解的不同速度的阻力值,可以估算出在下潜方向的水动力系数:将仿真求解的总阻力作为应变量,取机器人运动速度为自变量,采用最小二乘法完成拟合,根据拟合结果计算相应的水动力系数。利用曲线拟合,拟合结果如图 5 - 40 所示。拟合方程为

$$Z_E = -149.66w^2 \qquad (5-92)$$

式中　Z_E——下潜阻力值,N。

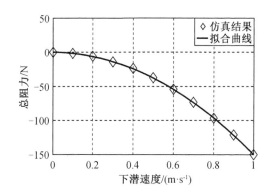

图 5 - 40　下潜速度与总阻力拟合

根据拟合方程式可知,仿潜水员机器人的下潜运动的水动力系数 $Z_{ww} = -149.66$。将求解的水动力系数代入式(5-91)得到仿潜水员机器人下潜运动的具体数学模型,即

$$24.3\,\dot{w} - 149.66w^2 = Z_P \qquad (5-93)$$

根据仿潜水员机器人匀速下潜运动 CFD 仿真结果,求解出下潜动力学模型中的水动力系数,进而得到具体的下潜运动的动力学模型,为动力选型与配置以及下潜运动控制策略的研究奠定了基础。

5.6　仿潜水员机器人的控制系统

进行仿潜水员机器人控制系统的设计及控制策略研究。通过建立驱动电机的数学模型,完成电机传递函数的求解;基于常规 PID、粒子群 PID 和模糊 PID 控制原理,利用仿真软件对电机控制系统进行仿真并对比系统的动态性能,为电机控制提供理论依据。

5.6.1 控制系统总体结构

仿潜水员机器人的控制系统由控制层、视觉层、感知层和执行层构成。其中,控制层由上位机、数据转换模块、主控芯片等组成,主要负责数据接收、转化、传输、处理和解析;感知层和视觉层相当于人类的感知系统,主要执行实时检测机器人的工作状态、工作环境等任务;执行层由步进电机、推进器电机、电机驱动器、舵机等组成,主要负责为仿潜水员机器人的运动提供驱动动力。根据仿潜水员机器人控制系统的构成与实现的功能对控制系统总体进行设计,控制系统的流程图如图 5-41 所示。

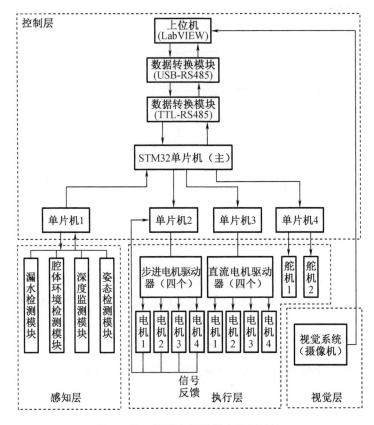

图 5-41 仿潜水员机器人控制系统

从图 5-41 中可知,控制系统感知层采集的数据经单片机 1 进行处理并发送给单片机(主),再由单片机(主)经数据转换模块发送给上位机;视觉层摄像机采集的信息直接通过局域网发送于上位机;上位机接收的数据和信息经上位机进一步处理,并通过基于 LabVIEW 软件的人机交互界面实现人机信息交流。同时,操作人员通过人机交互界面发送控制指令给单片机(主),由单片机(主)解析之后分别发送给单片机 2、单片机 3 和单片机 4,进而对执行层进行控制。

将基于控制系统总体设计,对控制系统的感知层和视觉层的功能进行分析并完成设。

1.感知层与视觉层设计

仿潜水员机器人感知层和视觉层主要执行实时检测与监测机器人水下外部的作业环境,以及放置于本体密封腔控制系统硬件的工作环境等任务,感知层与视觉层能够实时反馈机器人在水下作业的环境信息及自身的安全性信息,根据仿潜水员机器人的视觉层、感知层的各个模块所执行的任务进行模块选择。

2.漏水检测系统

漏水检测系统由水滴检测模块和信号指示灯组成,且漏水检测模块常采用水滴传感器作为检测元件。水滴传感器按照工作原理分为电阻式水滴传感器、红外检测水滴传感器、电容式水滴传感器以及CCD摄像头水滴传感器。其中,电阻式水滴传感器的工作原理是通过检测水滴面积进而改变被检测两点之间电阻值,间接获得水滴的大小。因此,电阻式水滴传感器工作原理简单、安装方便、成本低,可作为水下机器人密封腔内部漏水检测的传感器。综上分析,本节选择电阻式水滴传感器作为漏水检测模块的检测元件,所选的水滴检测模块如图5-42所示。

(a)PCB板   (b)传感器板

图5-42 水滴检测模块

从图5-42中可知,水滴检测模块由PCB板和传感器板组成。其中,PCB板尺寸为32 mm×14 mm,采用宽电压比较器,工作电压为3.3~5 V,其信号输出方式有开关信号和模拟量电压两种;传感器板尺寸为50 mm×40 mm,且表面镀镍,其导电性好、抗氧化能力强,水滴检测模块满足仿潜水员机器人漏水检测系统的使用要求。

3.深度监测系统

机器人位置深度测量常用的方式是利用压力传感器进行深度测量,最常用的压力传感器为压阻式压力传感器。压阻式压力传感器结构简单、生产成本低,被广泛应用于各个压力检测领域。选择压阻式压力传感器"MS5837-30BA",作为深度检测系统的传感器原件。MS5837-30BA是一款高分辨率具有I2C总线的压力传感器,工作量程为0~300 m水深、绝对精度为200 mbar、工作电压为2.5~5.5 V。传感器的通信方式为I2C通信,且不需要在其内部寄存器中进行编写程序,可与绝大多数的微控制器相互通信,MS5837-30BA采用凝胶保护和防磁不锈钢盖封装,进而实现防水功能。

4. 视觉检测系统

在视觉机器人中,最常用的配置为单目视觉配置,其具有采集信息量少、方便储存与传输以及所需计算机硬件要求低等特点。仿潜水员机器人的视觉层使用单摄像机的单目视觉系统,对水下工作环境进行图像采集,进而实现水下作业环境的监控。同时,为了使得机器人视觉层有更宽范围的视场,将选择云台摄像机作为视觉层的视觉传感器,云台摄像机的型号为"海康卫视莹石 C6C"。"海康卫视莹石 C6C"的有效像素为 100 万,其视场角在水平方向 340°、垂直方向 105°,满足仿潜水员机器人视觉系统的使用要求。

5. 基于 LabVIEW 上位机

仿潜水员机器人是机械结构系统、运动控制系统、传感器检测系统以及人机交互系统的有机结合体,为了高效、方便地将仿潜水员机器人各部分运动系统进行管理与监控,基于 LabVIEW 软件,对仿潜水员机器人上位机进行设计。

仿潜水员机器人控制系统利用 LabVIEW 中的 VISA 串口通信模块,实现 PC 机与仿潜水员机器人下位机之间的通信。根据人机交互的需求进行 LabVIEW 上位机的设计,上位机界面设计结果如图 5 – 43 所示。

从图 5 – 43 中可知,仿潜水员机器人上位机所执行的任务是发送控制指令给机器人下位机以及显示机器人水下工作及运动状态。通过串口所发送的控制指令主要包括机器人游动模式、驱动电机控制指令和舵机控制指令。机器人工作状态显示包括工作深度、密封腔体环境的温度与湿度、机器人下潜速度与加速度、机器人直行速度等。

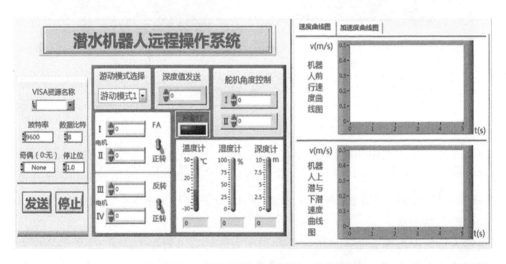

图 5 – 43　仿潜水员机器人的人机交互界面

5.6.2　控制系统仿真模型

选取步进电机 57HS56 – 28D8 – IE1000 – IP68 作为机器人腿部摆动的驱动元件,建立电机系统的数学模型以及基于 PID 控制策,对电机系统进行仿真与分析系统的性能,为腿部电机控制提供理论依据。

1. 电机工作原理

步进电机是一种将脉冲信号转化成角位移的特殊同步电机,其角位移、转速与脉冲信号所对应的关系不随输入电压、负载变化而改变。角位移与步距角之间的关系:

$$\theta = K\theta_b \qquad (5-94)$$

式中　K——脉冲个数;

　　　θ、θ_b——步进电机的角位移、步距角,°。

其中,步距角 θ_b 为

$$\theta_b = \frac{360°}{2mZ_r} \qquad (5-95)$$

式中　m——相数,$m = 2$;

　　　Z_r——转子小齿数,且 $Z_r = 50$。

步进电机通过驱动器的细分控制来实现微步距控制,进而提高电机分辨率和降低电机的噪声和振动。使用驱动器的细分控制时,步进电机的角位移与步距角之间的关系为

$$\theta = \frac{K}{N\theta_b} \qquad (5-96)$$

式中　N——驱动器的细分数。

将式(5-96)的两边对时间 t 进行求导,整理得

$$f = \frac{N}{\theta_b}\omega \qquad (5-97)$$

式中　ω——电机的角速度,rad/s;

　　　f——脉冲频率,Hz。

驱动器的细分数可在驱动器中人为设置,从式中可以看出步进电机的速度是由脉冲频率所决定,并且与脉冲频率呈线性关系。因此,步进电机的速度是通过控制输出脉冲频率而进行控制。

2. 电机数学模型建立

两相混合式步进电机为恒定电流源工作时,两相混合式步进电机运动方程为

$$J\frac{d^2\theta_0}{dt^2} + D\frac{d\theta_0}{dt} = T \qquad (5-98)$$

式中　θ_0——控制角度,°;

　　　D——黏滞摩擦系数;

　　　J——转动惯量,gcm^2;

　　　T——电机转矩,N·m。

电机转矩 T 计算公式为

$$T = Cz_r I_m \sin\varphi \qquad (5-99)$$

式中　I_m——电流峰值,A;

　　　φ——转矩角,$\varphi = \varepsilon_i - \varepsilon_0$,$\varepsilon_i$ 为定位目标的电角度,ε_0 为转子实际位置电角度。

电角度与机械角度之间的关系如下:

$$\begin{cases} \theta_i = \varepsilon_i / z_r \\ \theta_0 = \varepsilon_0 / z_r \end{cases} \tag{5-100}$$

式中　θ_i——电机目标值机械角度,°;

　　　θ_0——电机控制量机械角度,°。

当 $\theta_i \to \theta_0$ 时,联立式(5-98)、式(5-99)、式(5-100)和式(5-98)得

$$J\frac{d^2\theta_0}{dt^2} + D\frac{d\theta_0}{dt} = Cz_r^2 I_m(\theta_i - \theta_0) \tag{5-101}$$

在零初始条件下进行拉普拉斯变换后,变换结果为

$$(Js^2 + Ds + Cz_r^2 I_m)\theta_0 = Cz_r^2 I_m \theta_i \tag{5-102}$$

这样,推导出两相混合步进电机传的递函数为

$$G(s) = \frac{\theta_0}{\theta_i} = \frac{Z_r^2 LI_m^2/2J}{s^2 + \frac{D}{J}s + Z_r^2 LI_m^2/2J} = \frac{\omega_n^2}{s^2 + 2\xi\omega_n s + \omega_n^2} \tag{5-103}$$

式中　ω_n——无阻尼自振角频率;

　　　ξ——阻尼比。

将已知参数($Z_r = 50, L = 1.13\ \mathrm{mH}, I_m = 3\ \mathrm{A}, J = 300\ \mathrm{gcm}^2$)代入式(5-103),可求解出电机的传递函数表达式为

$$G_1(s) = \frac{42.375}{s^2 + 5.208s + 42.375} \tag{5-104}$$

步进电机驱动器的传递函数由目标值机械角度 θ_i 与脉冲数量 K 的比值确定,且其传递函数表达式为

$$G_2(s) = \frac{\theta_i(s)}{K(s)} \tag{5-105}$$

根据仿潜水员机器人腿部实际运动,选取驱动器的细分数为每转 3 200 步。根据所选的细分数,得到驱动器的传递函数 $G_2(s) = 0.112\ 5$。

5.6.3　常规 PID 控制策略仿真

步进电机相比于其他电机最突出的优点是能在开环系统中工作,但是由于电机的开环控制没有检测元件对输出信号的检测以及反馈,进而无法判断电机的实际运动转速、响应、振动等。因此,步进电机开环控制通常使用在控制精度要求不高的场合;在控制精度要求高的场合电机开环控制无法达到控制要求,故需要采用电机闭环控制。

1. 电机控制

步进电机的闭环控制相比于开环控制,增加反馈编码器作为反馈信号的采集元件,步进电机闭环控制通常采用速度反馈,并将反馈信号作为控制器的输入。通过反馈信号确定与转子位置相匹配的正确相位转换,进而使得电机转速控制精度和平稳性的提高。

步进电机控制系统采用单位负反馈时,其系统开环传递函数为

$$G(s) = 1 \cdot G_2(s)G_1(s) = \frac{4.767\,2}{s^2 + 5.208s + 42.375} \tag{5-106}$$

对步进电机单位负反馈控制系统进行仿真,得到系统单位阶跃响应曲线如图 5-44 所示。

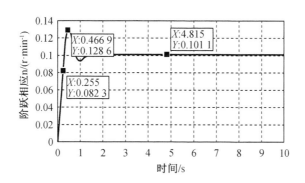

图 5-44　单位阶跃响应曲线

由图 5-44 可知,该系统上升时间 $t_r = 0.255$ s,峰值时间 $t_p = 0.466\,9$ s,最大峰值 $c(t_p) = 0.128\,6$,终值 $c(\infty) = 0.101\,1$,计算得超调量 $\sigma\% = 27.2\%$。由以上数据表明,该系统的响应速度慢、超调大、稳态误差大。故需要加入 PID 控制器进一步改善控制系统性能。

对于 PID 控制器 k_p、k_i、k_d 值的整定,在工程中最常用的方法是经验整定法。经验整定法实质上是对 k_p、k_i、k_d 参数进行若干次的试凑,并观察响应曲线形状直到达到工程所需要求为止。利用软件并采用经验整定法对基于步进电机控制系统的 PID 控制器的三个参数进行整定。在 k_p、k_i、k_d 值整定的过程中,根据 PID 控制器各校正环节的功能,执行先比例、后积分、再微分的步骤进行整定。k_p、k_i、k_d 值的整定具体步骤如下:

2. 比例环节参数整定

对比例环节进行整定时,使系统按照纯比例控制,即将 k_i 和 k_d 设置成零。在整定过程中,k_p 从小逐渐增大,并观察该控制系统输出的响应曲线。当 k_p 增大到一定值时,响应速度达到使用要求并且出现一定超调,此时 k_p 值整定结束。k_p 值整定过程仿真结果如图 5-45 所示。从图 5-45 可以看出,不同 k_p 值所对应的超调量、稳态值和第一次到达峰值所需要的时间,且峰值时间随着 k_p 值的增大逐渐减小,即响应速度变快。根据整定过程中的超调量、稳态值、峰值时间以及 k_p 值,绘制出超调量、稳态值与峰值时间随 k_p 值变化的趋势,如图 5-45 所示。

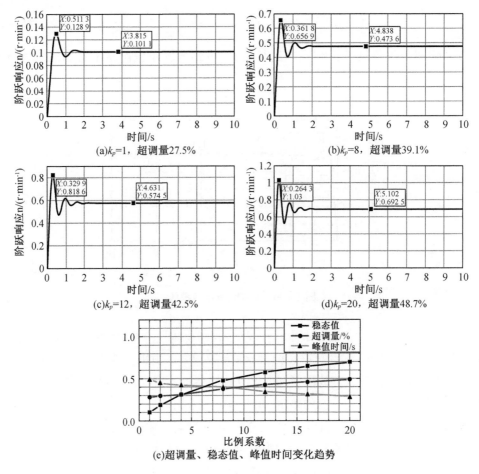

图 5-45　比例环节参数整定和变化趋势

　　从图 5-45(e)中可以看出,随着 k_p 值的增大稳态值和超调量也随之增加,同时峰值时间逐渐减小。当比例系数 $k_p = 20$,峰值时间为 0.26 s,但是系统依然存在非常大的稳态误差,与此同时超调量已经高达 48.7%。因此,纯比例环节无法达到控制系统小误差、小超调的要求,进而需要加入积分环节。

　　3. 积分环节参数整定

　　在积分环节参数整定过程中,将积分系数 k_i 值从小值依次增大,并观察系统输出的响应曲线,直到稳态误差为零,停止 k_i 值的增大。积分环节参数整定过程的仿真结果如图 5-46 所示。

　　由图 5-46 分析得出,随着 k_i 值的增大,系统稳态值也逐渐增大、稳态误差逐渐减小至零。当 k_i 值继续增大,系统出现严重的振荡现象,以及超调量也增大。因此,该步进电机控制系统使用比例调节和积分调节无法达到良好的控制效果,需要进一步加入微分环节进行调节。

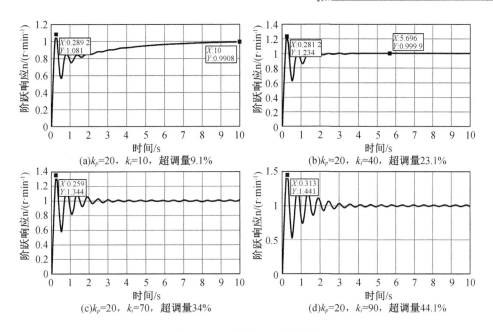

图 5 - 46　积分环节参数整定

4. 微分环节参数整定

在微分环节整定过程中,将微分系数 k_d 从零依次增大,同时观察该系统输出响应曲线的超调量和稳定性。微分环节参数整定过程的仿真结果如图 5 - 47 所示。

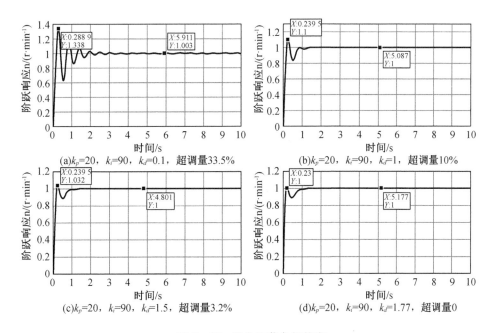

图 5 - 47　微分环节参数整定

从图 5 - 47 分析得出,当 $k_p = 20$、$k_i = 90$ 时,超调量随微分系数 k_d 增加而减小,当 $k_d =$

1.77 时超调量为 0;同时,系统振荡逐渐减小、达到稳态所用的时间也逐渐减少,但是系统仍然存在轻微振荡,此时,系统未达到最佳状态。因此,进一步还需要对 k_p、k_i、k_d 参数进行微调,微调之后 $k_p = 23$、$k_i = 200$、$k_d = 4.48$,且系统输出响应曲线如图 5 - 48 所示。

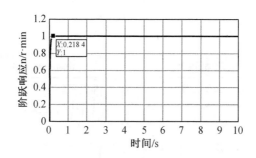

图 5 - 48   最终响应曲线

从图 5 - 48 得知,当 $k_p = 23$、$k_i = 200$、$k_d = 4.48$ 时,基于本节所选电机控制系统的阶跃响应无超调、响应快,响应时间为 0.21 s。

在自动控制领域中,常用的系统稳定性判别的方法有根轨迹法、Routh 判据法和 Nyquist 判据法。其中,根轨迹法是建立于复数域,不适用高阶系统的稳定性分析;Nyquist 判据是建立于频域,基于系统频率特性对系统进行分析;Routh 判据是建立于时域,基于闭环特征方程对系统进行稳定性分析,且其适用于系统参数明确、结构简单的稳定性分析中。综上所述,腿部电机系统的稳定性判别采用 Routh 判据法。

根据 PID 控制器参数整定结果 $k_p = 23$、$k_i = 200$、$k_d = 4.48$,求解出该控制器的传递函数为

$$G_{\text{PID}}(s) = k_p\left(1 + \frac{1}{T_i s} + T_d s\right) = \frac{1.69 s^2 + 869.56 s + 1}{37.81 s} \tag{5 - 107}$$

腿部电机采用单位负反馈的 PID 控制的闭环传递函数为

$$\varPhi(s) = \frac{G_{\text{PID}}(s) G_1(s) G_2(s)}{1 + G_{\text{PID}}(s) G_1(s) G_2(s)} = \frac{s^3 + 5.208 s^2 + 42.375 s}{s^3 + 5.421 s^2 + 151.935 s + 0.126} \tag{5 - 108}$$

由系统闭环传递函数的求解结果,可计算出完整的 Routh 阵列表为

$$\begin{vmatrix} s^3 & 1 & 151.935 \\ s^2 & 5.421 & 0.126 \\ s^1 & 151.912 & 0 \\ s^0 & 0.126 & 0 \end{vmatrix} \tag{5 - 109}$$

从 Routh 阵列表中可以看出,阵列表中第一列所有项系数均大于零。由线性系统稳定性判别的充要条件可知该系统稳定,进一步验证了基于 PID 调节的电机系统稳定。

5.6.4   粒子群 PID 控制策略仿真

PID 参数整定过程可知,PID 参数经验整定法虽然原理简单,但是需要花费大量的时间

进行逐步试凑才可得到满意的结果,而基于粒子群算法对 PID 控制器参数可进行自行整定。粒子群算法的具体步骤如图 5-49 所示。

1. 粒子群算法

粒子群算法基于最基本的规则为将鸟群中每个飞行的个体视为无体积、无质量的微粒,并且根据鸟类的个体经验以及群体经验不断地调整自身的飞行速度,使其远离与自身距离最近的个体并避免发生碰撞,同时飞向自身目的地以及飞向鸟群中心。粒子群算法进化过程中初始化为一组随机解,然后依据适者生存准则并通过若干次迭代寻找出系统最优解。

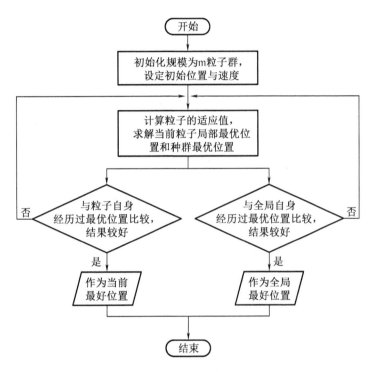

图 5-49 粒子群算法流程

根据粒子群算法原理,各个粒子下一时刻的速度和位置更新算法为

$$\begin{cases} v_{is}(t+1) = w \cdot v_{is}(t) + c_1 r_{1s}(t)(p_{is}(t) - x_{is}(t)) + c_2 r_{2s}(t)(p_{gs}(t) - x_{gs}(t)) \\ x_{is}(t+1) = x_{is}(t) + v_{is}(t+1) \end{cases}$$

$$(5-110)$$

式中:c_1、$c_2(c_1$、$c_2 > 0)$为方向步长,分别用来调整粒子飞向自身和群体最优位置;w 为动力常数,用来控制上一个采样时刻的速度对当前速度的影响,通过调整 w 的大小来跳出局部极小值,并且 w 越大全局搜索能力越强;r_1、r_2 为相互独立的随机数,二者均服从$[0,1]$分布;$v_{is} \in [-v_{max}, v_{max}]$,且 v_{max} 属于常数。

2. 基于粒子群算法的 PID 参数整定

进行 PID 控制器参数整定,得到最优化的 k_p、k_i、k_d 参数值。在粒子群算法 PID 参数整定中,首先根据常规 PID 参数整定结果来设定 k_p、k_i、k_d 范围,且 $k_p = [15,50]$、$k_i = [200,400]$、$k_d = [2,9]$;然后根据设定,完成 k_p、k_i、k_d 范围的粒子群初始化,且每个粒子代表 PID 的三个参数值;最后,使用系统阶跃响应的误差、输入、输出、输出变化量来评判每个粒子的性能;若达到评判性能,则作为当前最优解,若达不到评判性能,则继续更新速度和位置,直到达到评判标准或迭代次数退出循环完成 PID 参数的进化。

设动力常数 $w = 0.7$、$c_1 = c_2 = 2$,粒子数 $m = 100$,迭代步数为 100,$v_{max} = 1$,最小适应值为 0.1。根据以上设定的参数进行仿真,仿真结果如图 5-50 所示。其中,图 5-50(a)为 k_p 整定结果、图 5-50(b)为 k_i 整定结果、图 5-50(c)为 k_d 整定结果。

从图 5-50(a)、(b)和(c)可知:k_p、k_i、k_d 基于粒子群算法的整定在迭代 20 步之后则达到稳定状态,最终得到的最优参数为 $k_p = 18.82$、$k_i = 205.08$、$k_d = 8.58$。使用粒子群算法优化得到的 PID 参数进行阶跃响应分析,仿真结果如图 5-50(d)。

从图 5-50(d)得知,与常规 PID 参数整定结果相比,基于粒子群算法的 PID 控制系统的响应超调量大、有振荡,且响应速度慢。

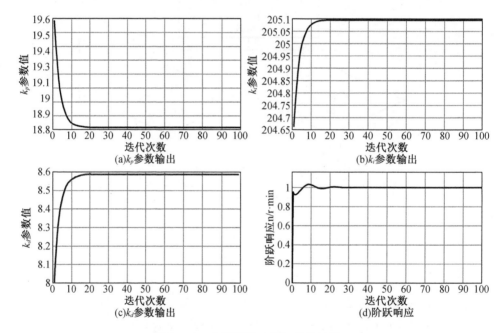

图 5-50 粒子群算法 PID 仿真结果

5.6.5 模糊 PID 控制策略仿真

模糊控制相比于传统控制方式具有很多优点,如结构简单、鲁棒性强、容易被人接受与学习;无须明确被控对象的数学模型便可以有效进行控制等。

1. 输入与输出量隶属度函数确定

在模糊化过程中,把模糊控制器的输入与输出值映射到模糊论域中,并且使用{NB、

NM,NS,ZO,PS,PM,PB}来表示模糊规则的模糊集。在模糊集中分别表示负大、负重、负小、零、正小、正中、正大。其中,e 和 ec 的论域均设置为{ -3 , -2 , -1 ,0,1,2,3}。根据常规 PID 参数整定结果,将 Δk_p 的论域设置为{ -2 , -1.34 , -0.66 ,0,0.66,1.34,2}、Δk_i 的论域设置为{ -10 , -6.667 , -3.333 ,0,3.333,6.667,10}、Δk_d 的论域设置为{ -0.3 , -0.2 , -0.1 ,0,0.1,0.2,0.3}。根据所设置的论域,建立 Δk_p 、Δk_i 、Δk_d 参数的模糊准则,模糊准则分别见表 5 - 11、表 5 - 12、表 5 - 13 所示。

表 5 - 11　Δk_p 的模糊控制规则表

Δk_p		e						
		NB	NM	NS	ZO	PS	PM	PB
ec	NB	PB	PB	PM	PM	PS	ZO	ZO
	NM	PB	PB	PM	PS	PS	ZO	NS
	NS	PM	PM	PM	PS	ZO	NS	NS
	ZO	PM	PM	PS	ZO	NS	NM	NM
	PS	PS	PS	ZO	NS	NS	NM	NM
	PM	PS	ZO	NS	NM	NM	NM	NB
	PB	ZO	ZO	NM	NM	NM	NB	NB

2. 模糊 PID 仿真

根据设置完的论域和模糊规则在隶属度函数编辑器和规则编辑器中定义输入 e、ec 与输出 Δk_p、Δk_i、Δk_d 以及模糊规则。在模糊控制中,常用的隶属度函数有高斯函数和三角函数,且三角函数为

$$f(x,a,b,c) = \begin{cases} \dfrac{1}{b-a}(x-a), & a \leqslant x \leqslant b \\ \dfrac{1}{b-c}(x-c), & b \leqslant x \leqslant c \end{cases} \qquad (5-111)$$

表 5 - 12　Δk_i 的模糊控制规则表

Δk_i		e						
		NB	NM	NS	ZO	PS	PM	PB
ec	NB	NB	NB	NM	NM	NS	ZO	ZO
	NM	NB	NB	NM	NS	NS	ZO	ZO
	NS	NB	NM	NS	NS	ZO	PS	PS
	ZO	NM	NM	NS	ZO	PS	PM	PM
	PS	NM	NS	ZO	PS	PS	PM	PB
	PM	ZO	ZO	PS	PS	PM	PB	PB
	PB	ZO	ZO	PS	PM	PM	PB	PB

表 5 - 13 　Δk_d 的模糊控制规则表

Δk_d		e						
		NB	NM	NS	ZO	PS	PM	PB
ec	NB	PS	NS	NB	NB	NB	NM	PS
	NM	PS	NS	NB	NM	NM	NS	ZO
	NS	ZO	NS	NM	NM	NS	NS	ZO
	ZO	ZO	NS	NS	NS	NS	NS	ZO
	PS	ZO	ZO	ZO	ZO	ZO	ZO	ZO
	PM	PB	NS	PS	PS	PS	PS	PB
	PB	PB	PM	PM	PM	PS	PS	PB

　　由于三角隶属度函数运算简单且不占太多内存,故本文采用三角隶属度函数。在隶属度函数编辑器中,根据已设定的论域和所选的隶属度函数得到 e、ec 和 Δk_p、Δk_i、Δk_d 的具体隶属度函数,函数曲线如图 5 - 51 所示。

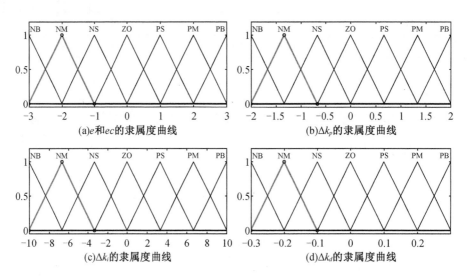

图 5 - 51 　隶属度曲线

　　根据模糊控制规则得到如图 5 - 52 所示的模糊推理的输出量曲面,该曲面表示模糊控制器的输出变量 Δk_p、Δk_i、Δk_d(z 轴)与输入变量 e、ec(x、y 轴)的变化关系。

　　衡量一个控制统的性能,不仅仅从控制系统的响应速度、稳态误差和超调量这三个方面来评判系统的性能,同时还要分析控制系统的抗干扰能力。因此,在对步进电机控制系统进行仿真及分析系统输出响应时,针对无扰动分析系统的动态性能,然后添加扰动信号分析系统的抗干扰能力,基于单位阶跃输入的步进电机系统的仿真框图如图 5 - 53 所示。

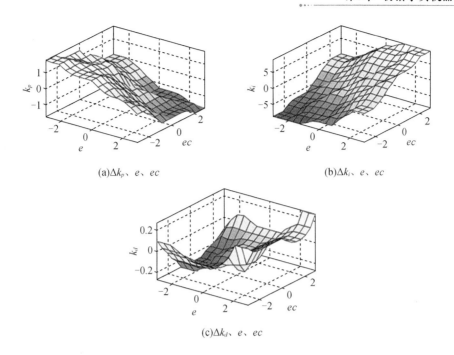

(a)Δk_p、e、ec

(b)Δk_i、e、ec

(c)Δk_d、e、ec

图 5-52 推理规则曲面

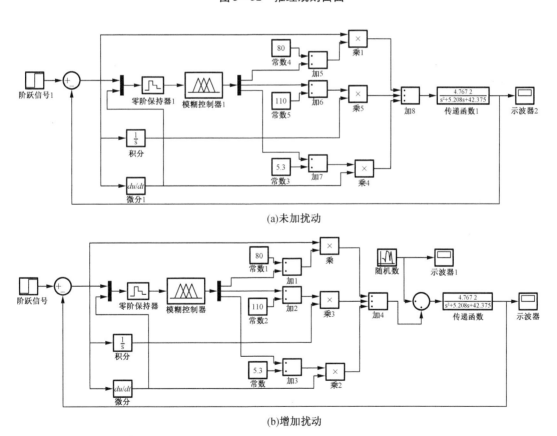

(a)未加扰动

(b)增加扰动

图 5-53 模糊自适应 PID 程序框图

仿真结果如图 5 - 54 所示。其中,图 5 - 54(a)为基于模糊控制未加扰动的输出响应、图 5 - 54(b)为在控制系统中所加的扰动信号、图 5 - 54(c)基于模糊控制加扰动的输出响应、图 5 - 54(d)基于常规 PID 控制加扰动的输出响应。

从图 5 - 54(a)中可以看出,基于模糊自适应 PID 控制的系统响应速度快,且根据仿真结果可知系统达到稳态值所需的时间为 0.21 s,且超调量为零;将未加扰动的模糊自适应控制系统的响应曲线(图 5 - 54(a)所示)与常规 PID 的响应曲线进行比较并得出,二者的响应速度、超调量和稳态误差都很接近。在模糊自适应 PID 控制和常规 PID 控制系统中分别加入图 5 - 54(b)所示的扰动信号之后,经响应曲线图 5 - 54(c)和图 5 - 54(d)对比得出:基于模糊自适应 PID 的控制系统的响应波动明显小于常规 PID,进而证明模糊自适应 PID 控制系统的抗干扰能力强于常规 PID。

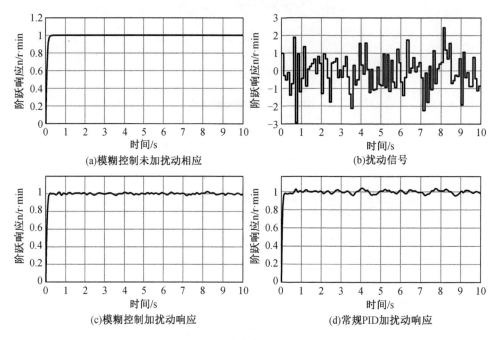

图 5 - 54　系统输出响应与扰动信号

5.6.6　下潜深度控制策略仿真

利用常规 PID 和自适应模糊 PID 控制策略对仿潜水员机器人深度控制系统进行仿真分析。对于下潜运动系统的控制需要建立电机和下潜运动模型的传递函数。仿潜水员机器人下潜运动模型中包括速度平方项,属于非线性微分方程。下潜运动系统具有非线性饱和性,且目前没有统一的求解方法,故对其进行线性化处理。下潜运动数学模型采用小偏差法进行线性化处理后,得到被控量为深度值、控制量为推力的传递函数,即

$$G_Z(s) = \frac{1}{24.3s^2 + 43.32s} \tag{5 - 112}$$

在直流电机控制中,由于小型直流电机的电感非常小,故小型直流电机的传递函数为

$$G_E(s) = \frac{K}{1 + Ts} \tag{5-113}$$

式中　K——电机放大系数;

　　　T——电机时间常数。

为了方便控制系统研究,将其线性化处理,则传递函数为

$$G_T(s) = 2K_T \rho D^4 n_0 \tag{5-114}$$

式中　n_0——额定转速,r/min。

将相关参数代入式(5-112)和式(5-113)得:

$$G_E(s)G_T(s) = \frac{1\,337.4}{s + 9.6} \tag{5-115}$$

综合分析与推导,下潜深度控制系统采用单位负反馈时,其开环传递函数为

$$G(s) = G_Z(s)G_E(s)G_T(s) = \frac{1\,337.4}{24.3s^3 + 276.6s^2 + 415.87s} \tag{5-116}$$

下潜深度控制分别采用常规 PID 控制策略和自适应模糊 PID 控制策略进行控制,输入量为期望深度值、反馈量为深度检测值 h。根据常规 PID 参数整定流程和自适应模糊 PID 控制策略原理对深度控制系统进行仿真,e 和 ec 的论域均设置为 $\{-1,-0.67,-0.33,0,0.33,0.67,1\}$,$\Delta k_p$ 的论域设置为 $\{-0.12,-0.08,-0.04,0,0.04,0.08,0.12\}$、$\Delta k_i$ 的论域设置为 $\{-0.01,-0.006\,7,0.003\,3,0,0.003\,3,0.006\,7,0.01\}$、$\Delta k_d$ 的论域设置为 $\{-0.08,-0.053\,4,-0.026\,8,0,0.026\,8,0.053\,4,0.08\}$。

仿真下潜深度控制系统的单位阶跃响应曲线如图 5-55 所示。

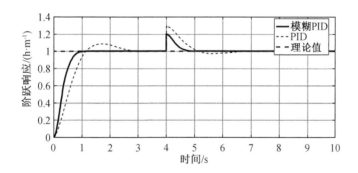

图 5-55　下潜深度控制系统响应曲线

得出常规 PID 参数 $k_p = 1.2$、$k_i = 0.02$、$k_d = 0.78$,则常规 PID 控制器的传递函数为

$$G_{PID}(s) = k_p \left(1 + \frac{1}{T_i s} + T_d s \right) = 1.2 \times \frac{0.011s^2 + 1.67s + 1}{1.67s} \tag{5-117}$$

结合深度控制系统的传递函数 $G(s)$ 求解出具有常规 PID 调节的深度控制系统的闭环传递函数为

$$\Phi(s) = \frac{G_{PID}(s)G(s)}{1 + G_{PID}(s)G(s)} = \frac{10.57s^2 + 1\,604.87s + 961}{24.3s^4 + 276.6s^3 + 426.44s^2 + 1\,604.87s + 961} \tag{5-118}$$

根据深度控制系统的闭环传递函数式求解出完整的 Routh 阵列表为

$$\begin{array}{c|ccc} s^4 & 24.3 & 426.44 & 961 \\ s^3 & 276.6 & 1\,604.87 & 0 \\ s^2 & 285.45 & 961 & 0 \\ s^1 & 673.66 & 0 & 0 \\ s^0 & 961 & 0 & 0 \end{array} \qquad (5-119)$$

从 Routh 阵列表中可以看出,阵列表中第一列所有项系数均大于零。由线性系统稳定性判别的充要条件可知该系统稳定,且与利用 MATLAB 软件仿真的响应曲线稳定性相吻合,进一步验证了基于 PID 调节的下潜深度控制系统稳定。

由图 5 – 55 可知,自适应模糊 PID 控制策略的下潜深度控制的系统响应速度比常规 PID 快,达到稳态值所需的时间约为 0.78 s;自适应模糊 PID 控制策略的超调量小于常规 PID,超调量接近于 0。同时,在 4 s 处加单位阶跃信号作为扰动信号,可以看出模糊 PID 的产生的干扰信号和恢复时间均小于常规 PID。

5.7　仿潜水员机器人的物理模型实验

研制和搭建仿潜水员机器人物理模型实验样机,完成相应的实验研究,实验研究具体内容包括物理模型实验样机系统的测试与调试实验、自主游动综合性能测试实验和下潜运动综合性能测试实验。

5.7.1　仿潜水员机器人的物理模型简介

仿潜水人机器人的物理模型实验样机如图 5 – 56 所示。仿潜水员机器人实验样机系统包括头部组件、控制系统、上机体、腿部组件、腰部组件、电源箱体和 LabVIEW 上位机等部分。

其中,控制系统硬件安放于上机体密封腔,选择 STM32 大容量增强型系列的STM32F103VET6 微控制器为主控芯片,该控制器最小系统外设有 8 个定时器、通信接口、ADC模块以及 DAC 模块,通信方式有 SPI 通信、I2C 通信和 USART 同步、异步串行通信。LabVIEW上位机与机器人控制系统之间的通信采用传输速度快、抗干扰能力强且适合远距离传输的RS485 模块实现,电源箱体中的直流电源经空气开关由电缆向机器人本体供电。

对机器人系统进行调试与测试,实验内容具体可包括腰部机构运动测试实验、腿部电机控制实验,以及机器人的运动性能实验等。

5.7.2　腰部运动测试实验

仿潜水员机器人腰部结构左右摆动运动是协同整个机器人机身实现转弯等多方位运动,

腰部结构的实际运动性能直接影响着整个机器人的运动性能,故进行腰部运动测试实验。

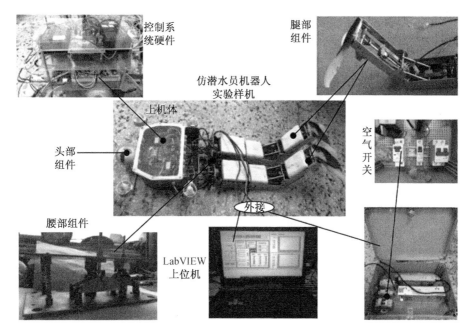

图5-56 仿潜水员机器人物理模型系统

实验针对仿潜水员机器人腰部运动性能测试,目的是验证机器人样机腰部结构的实际运动是否理论运动规律相一致。

实验需要的设备:腰部实验样机、六轴陀螺仪(MPU6050)、串口调试模块、串口调试上位机(XCOM 软件)、STM32 单片机。其中,六轴陀螺仪用来检测腰部运动角度值,串口调试模块和调试上位机用来显示和记录陀螺仪检测结果。

在实验初始阶段,对舵机和陀螺仪进行初始化,使腰部上垫板与下垫板之间处于平行状态,以及调整初始状态的陀螺仪使其检测角度为0。腰部运动实验搭建的实验平台如图5-57(a)、初始化结果如图5-57(b)所示。

(a)实验平台

(b)陀螺仪校准

图5-57 腰部运动测试实验环境

1. 实验过程与实验结果

在腰部运动测试实验中,通过 LabVIEW 上位机发送角度值给 STM32 单片机,接着 STM32 单片机根据舵机控制原理输出相应的 PWM 信号对舵机进行控制,当腰部运动执行完毕时记录陀螺仪所测量的数据。在实验中,以 1° 为间隔从 0 依次增大输入角度值并记录腰部左右摆动角度,腰部运动测试结果如表 5 - 14 所示。

表 5 - 14 腰部运动测试实验数据

舵机 2 转角/°		0	1	2	3	4	5	6
输出角度	1 组	0.01	0.51	1.21	1.63	2.31	2.65	3.17
	2 组	0.03	0.55	1.15	1.81	2.20	2.73	3.30
	3 组	0.02	0.60	0.98	1.59	2.09	2.75	3.41
	4 组	0.02	0.49	1.08	1.67	2.18	2.58	3.29
	5 组	0.01	0.50	1.30	1.49	2.11	2.74	3.08
	6 组	0.04	0.59	1.25	1.72	2.26	2.92	3.30
舵机 2 转角/°		7	8	9	10	11	12	13
输出角度	1 组	3.59	4.52	5.16	5.62	5.83	6.27	7.39
	2 组	3.83	4.38	4.92	5.47	6.01	6.55	7.16
	3 组	3.99	4.41	4.99	5.41	6.26	6.39	7.21
	4 组	3.84	4.17	4.93	5.39	5.99	6.55	6.71
	5 组	3.72	4.37	4.76	5.42	6.08	6.69	7.08
	6 组	3.83	4.56	4.88	5.61	5.79	6.56	6.86

2. 实验数据分析

将表 5 - 14 中腰部运动测试结果与理论运动曲线进行对比分析,对比结果如图 5 - 58 所示。

由分析可知,腰部结构左右摆动实验的测试结果与理论值存在偏差,且均匀分布于理论值两侧。实验测试值随着输入角度的增大,偏离理论值的幅度也在增大,当输入角度为 13° 时偏离理论值幅度最大,该组实验数据可能存在粗大误差,故将对该组实验数据进行粗大误差判别。利用格拉布斯准则进行粗大误差判别,格拉布斯准则表达式为

$$\frac{|x_d - \bar{x}|}{\sigma_x} \geqslant G(\alpha, n) \tag{5-120}$$

式中 x_d——实验数据可疑值;

$\bar{x}$——实验数据平均值;

$G(\alpha, n)$——格拉布斯临界值。

其中,标准偏差 σ_x 计算公式为

$$\sigma_x = \sqrt{\frac{\sum_{i=1}^{n}(x_i - \bar{x})}{n - 1}} \tag{5-121}$$

根据实验次数取 $n=6$、显著水平一般取值 $\alpha=0.01$，查阅格拉布斯临界值表得 $G(0.01,6)=1.944$；根据式（5-121）并结合实验数据计算得，标准偏差为 $\sigma_x=0.246$。根据格拉布斯的双侧检验判别法，定义边界值 G_1、G_2 为

$$\begin{cases} G_1 = \dfrac{x_{\max} - \bar{x}}{\sigma_x} \\[3mm] G_2 = \dfrac{x_{\min} - \bar{x}}{\sigma_x} \end{cases} \tag{5-122}$$

根据式（5-122）并结合实验数据，计算得 $G_1=1.30$、$G_2=1.42$。将边界值 G_1、G_2 与临界值 $G(0.01,6)$ 进行比较得出，边界值均未超过格拉布斯临界值。因此，输入角度为 $13°$ 的实验数据虽然偏离理论值幅度大，但是无粗大误差的存在。

每组腰部运动测试实验的数据与理论值之间均存在误差，将进行实验数据误差分析进而判断腰部结构是否满足使用要求。将各组实验均值与理论值进行比较，并计算各组实验结果的误差，各组平均值和误差的计算结果如表5-15所示。

从表5-15中可以看出，腰部运动测试结果的误差大部分分布于 $-2\% \sim 2\%$，只存在一组粗大误差且为 5.46%，粗大误差的产生的原因是腰部结构在运动过程中卡顿。造成实验结果与理论值之间存在误差的主要原因为（1）舵机输入信号高电平时间计算时的有效数字末位的四舍五入；（2）腰部零部件加工存在误差；（3）陀螺仪自身的测量误差等。从误差的整体水平来分析，腰部结构实际运动与理论值之间存在小于 5% 的误差并不会对整机转弯运动造成大的影响，故腰部结构的运动精度满足机器人正常工作要求。

表5-15 腰部摆动测试实验的平均值与误差

舵机2转角/°	0	1	2	3	4	5	6
理论值	0	0.550 9	1.101 4	1.651 5	2.200 9	2.749 3	3.296 6
平均值	0	0.540 0	1.161 7	1.651 7	2.191 7	2.728 3	3.258 3
误差/%	0	-1.970 4	5.467 3	0.007 9	-0.419 2	-0.762 8	-1.160 2
理论值	3.842 5	4.387 0	4.929 9	5.471 1	6.010 4	6.547 8	7.083 2
平均值	3.800 0	4.401 7	4.940 0	5.486 7	5.993 3	6.501 7	7.068 3
误差/%	-1.107 2	0.333 5	0.204 5	0.285 1	-0.283 7	-0.704 1	-0.209 4

5.7.3 腿部调试实验

为了保证仿潜水员机器人腿部摆动规律达到预期理论设定的运动规律，步进电机 PID 控制策略理论研究进行腿部电机闭环控制实验和基于步进电机转速理论计算结果进行电机转速匹配实验。

实验的目的是验证腿部电机 PID 控制策略的实际控制效果是否与仿真结果相符，并为

腿部电机选取控制效果好的控制策略。以及电机实际转速是否与小腿、脚蹼运动规律理论输入转速相匹配。实验需要设备包括腿部驱动电机、STM32 单片机、串口调试助手、调试助手上位机(XCOM 软件)等。

1. 步进电机闭环控制实验

基于常规 PID 和模糊 PID 控制策略的步进电机系统的动态性能相近且均符合使用要求,但模糊 PID 控制策略的抗干扰能力强于常规 PID。因此,针对常规 PID 和模糊 PID 控制策略进行腿部电机闭环控制实验,并对比电机系统性能,进而选出最优的控制策略。

首先,搭建如图 5－58 所示的电机闭环控制实验平台;然后,在 MDK KEIL5 中进行电机控制程序的编写并下载到 STM32 单片机中;最后,基于 STM32 单片机控制电机并采集电机运动数据。

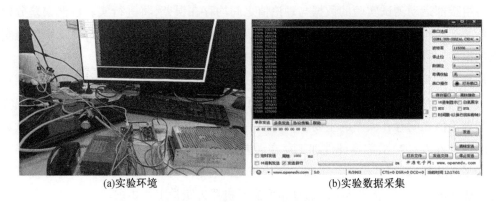

(a)实验环境　　　　　　　　　　　　　(b)实验数据采集

图 5－58　电机闭环控制实验平台

基于步进电机控制实验步骤,步进电机转速测试结果如图 5－59 所示。

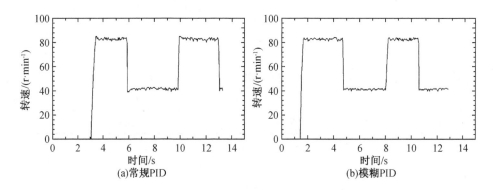

(a)常规PID　　　　　　　　　　　　　(b)模糊PID

图 5－59　步进电机速度测试结果

从图 5－59 可知,腿部电机基于常规 PID 和模糊 PID 控制策略的速度响应时间没有太大的差距,约在 0.2～0.25 s 范围内;在速度突变的阶段,基于常规 PID 控制策略电机转速的超调量约为 5 r/min 大于模糊 PID 控制策略;在稳定运行阶段,基于常规 PID 控制策略和模糊 PID 控制策略的电机速度均出现轻微振荡,且常规 PID 的振荡幅度约为 3 r/min,模糊

PID 的振荡幅度约为 2 r/min。造成电机稳定运行阶段转速波动原因有:(1)编码器存在测量误差;(2)步进电机定子磁场并非连续而是跳跃式变化,进而转子由于自身惯性导致与磁场的变化存在滞后现象。同时,步进电机转速的轻微振荡,符合步进电机的小振荡理论。

可见步进电机控制系统基于常规 PID 控制策略和模糊 PID 控制策略的响应速度基本相同,但稳定性和抗干扰能力后者优于前者,因此使用模糊 PID 控制策略对腿部步进电机系统进行控制。

2.步进电机转速匹配实验

步进电机转速匹配实验的具体步骤与闭环控制实验基本相同,基于腿部电机 1 与电机 2 转速求解结果,在 MDK KEIL5 中进行电机控制程序的编写并下载到 STM32 单片机中,并进行电机转速的测试,电机转速匹配测试结果如图 5 – 60 所示。

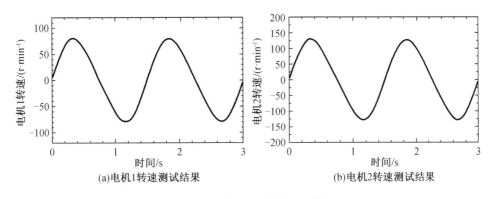

图 5 – 60　步进电机转速匹配结果

图 5 – 60(a)为小腿摆动过程中两个周期所对应的电机 1 转速匹配测试结果,0 ~ 0.75 s、1.5 ~ 2.25 s 为踢腿过程,此时电机为正转;0.75 ~ 1.5 s、2.25 ~ 3 s 为收腿过程,此时电机为反转;图 5 – 60(b)为脚蹼摆动过程中两个周期所对应的电机 2 转速匹配测试结果,0 ~ 0.75 s、1.5 ~ 2.25 s 为踢腿过程,此时电机为正转;0.75 ~ 1.5 s、2.25 ~ 3 s 为收腿过程,此时电机为反转。测试结果虽然有小幅度波动,但是整体变化规律与理论转速曲线相同。

5.7.4　自主游动性能测试

自主游动综合性能测试实验场地如图 5 – 61(a)所示,实验水池长 8 m、宽 4 m、水深 4 m。在进行自主游动性能测试实验之前,要完成实验样机初始状态平衡调整与测试,进而保障实验的可靠性,平衡调整实验现场如图 5 – 61(b)所示。

(a)水下实验环境　　　　　　　　　　　　(b)平衡测试现场

图 5 - 61　水下综合实验现场

实验针对仿潜水员机器人自主游动的平均速度和翻滚角、俯仰角进行测试,目的是验证仿潜水员机器人基于海豚踢泳姿和小铲水泳姿,采用不同类型脚蹼的运动性能是否与CFD 仿真方法所得到自主游动性能相符。

实验需要的设备有激光测距仪(DL4171)、计时器和姿态检测模块(MPU6050)。其中,激光测距仪(DL4171)用来测量游动的行程,其测量精度为 1 mm;计时器用来记录从起点到终点所用的时间;姿态检测模块(MPU6050)用来检测机体质心处的翻滚角和俯仰角,其姿态测量精度为 0.01°。

首先,用激光测距仪标定行程为 4 m 的游动起点与终点,然后,将仿潜水员机器人物理模型样机放置于距离起点 2 m 的位置使机器人自主向前游动,当游动至所标定起点时开始计时,直至到达终点结束计时。按照以上实验步骤分别进行短脚蹼海豚踢、短脚蹼小铲水、长脚蹼海豚踢和长脚蹼小铲水的仿潜水员机器人自主游动实验,且自主游动实验现场如图5 - 62 所示。

(a) 游动起点　　　　　　　　　　　　　(b) 游动终点

图 5 - 62　自主游动实验过程

1. 自主游动平均速度测试

经自主游动实验测得,仿潜水员机器人配置短脚蹼时海豚踢泳姿和小铲水泳姿的自主游动实验数据见表 5 - 16 所示。

表5-16 基于短脚蹼的自主游动速度测试结果

游动姿态	海豚踢泳姿			小铲水泳姿		
实验组数	运动距离/m	运动时间/s	平均速度/(m·s⁻¹)	运动距离/m	运动时间/s	平均速度/(m·s⁻¹)
1	4	36.6	0.109	4	45.8	0.087
2	4	38.1	0.104	4	46.7	0.085
3	4	37.8	0.105	4	47.9	0.084
4	4	36.1	0.111	4	47.1	0.085
5	4	38.4	0.104	4	46.9	0.085
6	4	36.8	0.108	4	47.5	0.084
7	4	37.4	0.106	4	46.9	0.085
8	4	36.9	0.108	4	45.9	0.087
9	4	38.0	0.105	4	46.8	0.085
10	4	37.8	0.106	4	48.1	0.083
均值	4	37.39	0.107	4	46.96	0.085

配置长脚蹼时海豚踢泳姿和小铲水泳姿的自主游动速度实验数据如表5-17所示。将基于短脚蹼和长脚蹼的自主游动各组实验的平均速度与仿真结果进行对比,对比结果如图5-63所示。

从图5-63可知,仿潜水员机器人配置短脚蹼海豚踢泳姿的各组平均速度在0.104~0.111 m/s范围内,短脚蹼小铲水泳姿的各组平均速度在0.083~0.087 m/s范围内;使用长脚蹼海豚踢泳姿的各组平均速度在0.143~0.149 m/s范围内、长脚蹼小铲水泳姿的各组平均速度为0.121~0.129 m/s,且都位于相对应脚蹼和泳姿仿真平均速度下方。造成实验平均速度小于仿真平均速度以及各组实验平均速度产生波动的主要原因有:(1)在实验样机中由于缆绳的存在,导致阻力增大;(2)自主游动过程中的俯仰运动导致迎流面积增加,进而机器人机体的阻力值增大;(3)水池实验过程中会产生波浪,作用于机体导致平均速度产生波动。

表5-17 基于长脚蹼的自主游动速度测试结果

游动姿态	海豚踢泳姿			小铲水泳姿		
实验组数	运动距离/m	运动时间/s	平均速度/(m·s⁻¹)	运动距离/m	运动时间/s	平均速度/(m·s⁻¹)
1	4	26.9	0.149	4	32.1	0.125
2	4	27.1	0.147	4	31.9	0.125
3	4	27.2	0.147	4	31.4	0.127
4	4	27.4	0.146	4	31.7	0.126
5	4	27.6	0.145	4	32.8	0.122
6	4	26.8	0.149	4	32.6	0.123

表 5 – 17 （续）

游动姿态	海豚踢泳姿			小铲水泳姿		
实验组数	运动距离/m	运动时间/s	平均速度/(m·s^{-1})	运动距离/m	运动时间/s	平均速度/(m·s^{-1})
7	4	27.9	0.143	4	31.5	0.127
8	4	27.5	0.145	4	32.1	0.124
9	4	26.9	0.148	4	31.6	0.126
10	4	27.5	0.145	4	32.2	0.124
均值	4	27.28	0.146	4	31.99	0.125

仿潜水员机器人自主游动实验的短脚蹼海豚踢整体平均速度为 0.107 m/s,短脚蹼小铲水整体平均速度为 0.085 m/s,长脚蹼海豚踢的整体平均速度为 0.146 m/s,长脚蹼小铲水的整体平均速度为 0.125 m/s。将整体平均速度进行对比可知,海豚踢泳姿的平均速度大于小铲水泳姿且接近 1.2 倍,长脚蹼的平均速度大于短脚蹼,与仿真分析结果相吻合。

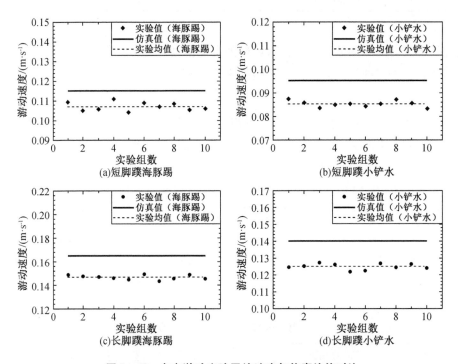

图 5 – 63　自主游动实验平均速度与仿真均值对比

2. 自主游动机体平稳性测试

仿潜水员机器人在不同游动姿态和配置不同脚蹼自主游动过程中,机体俯仰角和翻滚角截取平稳阶段的实验数据如图 5 – 64 所示。从图 5 – 64 中可以看出,仿潜水员机器人基于短脚蹼和长脚蹼的不同泳姿产生了俯仰角和翻滚角不同的波动幅度,机体翻滚角和俯仰角的波动幅度如表 5 – 18 所示。

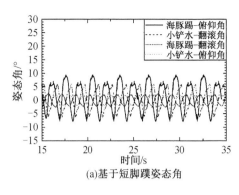
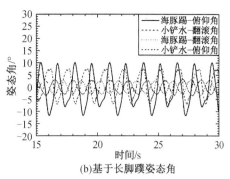

(a)基于短脚蹼姿态角　　　　　　(b)基于长脚蹼姿态角

图 5 - 64　自主游动机体姿态角

由 5 - 64 图和表 5 - 18 可知,仿潜水员机器人自主游动过程中,机体在俯仰方向的波动幅度海豚踢泳姿大于小铲水泳姿,但是翻滚方向的波动幅度海豚踢泳姿小于小铲水泳姿;配置短脚蹼的俯仰方向和翻滚方向的波动幅度均小于长脚蹼。将上述结果与仿真结果进行对比可知:海豚踢泳姿的仿真结果在翻滚方向的机体水动力矩和小铲水泳姿在俯仰方向的机体水动力矩很小,基本可以忽略不计,但是实验中在相对应方向有一定幅度的不平衡运动,造成这种现象的原因为(1)在仿真过程中对机体仿真运动进行适当的简化;(2)水池实验过程中由于缆绳和防护绳等的扰动,导致实验中流体的波浪扰动幅度增大。

表 5 - 18　自主游动俯仰角与翻滚角的波动幅度

脚蹼类型	短脚蹼		长脚蹼	
游动姿态	海豚踢	小铲水	海豚踢	小铲水
俯仰角幅度/°	8.3°	2.3°	10.7°	3.4°
翻滚角幅度/°	2.9°	6.1°	3.1°	7.3°

从整体的机体平稳性方面分析,小铲水泳姿在俯仰方向的平稳性要优于海豚踢泳姿,但是翻滚方向的平稳性差于海豚踢泳姿;短脚蹼的平稳性均优于长脚蹼。可见,仿潜水员机器人自主游动的平稳性测试结果与利用 CFD 仿真方法分析结果相吻合。

3. 最小转弯半径测试

基于所设定的自主游动模式,即自主游动的转弯运动实验采用平均速度大的海豚踢泳姿。同时,将腰部运动调整到左右摆动的极状态进行测试短脚蹼和长脚蹼的最小转弯半径,测试结果如表 5 - 19 所示。

表 5 - 19　自主游动转弯半径测试结果

脚蹼类型	第一组	第二组	第三组	第四组	第五组	平均值
短脚蹼	0.81 m	0.84 m	0.79 m	0.80 m	0.83 m	0.814 m
长脚蹼	0.73 m	0.76 m	0.72 mm	0.72 m	0.75 m	0.736 m

从表 5 – 19 中可知,仿潜水员机器人基于海豚踢泳姿的短脚蹼最小转弯半径的平均值为 0.814 m,长脚蹼的最小转弯半径的平均值为 0.736 m。仿潜水员机器人配置长脚蹼的最小转弯半径小于短脚蹼的最小转弯半径,这是由于长脚蹼的平均游动速度大,上机体由水动力产生的阻力大,进而机体产生的向心加速度大所致。

5.7.5　下潜定深运动性能测试

将扭矩传感器固定与水池支架,扭矩传感器输出轴一端用拖拽电机绳索牵引、另一端使用绳索连接与水中的仿潜水员机器人。拖拽牵引使机器人在竖直方向做匀速运动。匀速运动的机器人在竖直方向的合力为零,进而可测得下潜速度与阻力之间的关系。使用力矩传感器测量阻力的原理为

$$F_E = \frac{T}{R} \tag{5 – 123}$$

式中　T——扭矩传感器测量值,N·m;

　　　F_E——下潜匀速运动的阻力值,N;

　　　R——扭矩传感器力臂,m。

分别进行 0.1 ~ 0.5 m/s 且间隔为 0.1 m/s 的速度和拖拽阻力测试实验。图 5 – 66 为下潜速度为 0.3 m/s 的阻力测试结果。

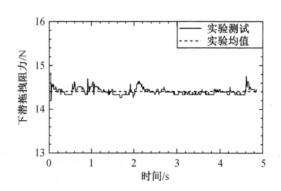

图 5 – 65　下潜速度 0.3m/s 的阻力值

从图 5 – 65 中可以看出,经实验测得阻力值出现上下波动,这是由于水池实验中流体波动导致机身产生波动。因此,根据瞬时测试的拖拽阻力值无法评判总体拖拽阻力,故取所测得拖拽阻力值的平均值进行求解水动力系数。下潜速度 0.1 ~ 0.5 m/s 的阻力测试的平均值、实验测得水动力系数,以及实验测试结果与仿真结果之间的误差见表 5 – 20 所示。

表 5 - 20　平均值与仿真值对比结果

速度/(m·s^{-1})	0.1	0.2	0.3	0.4	0.5
阻力值均值/N	- 1.549	- 6.272	- 14.201	- 25.612	- 38.912
实验水动力系数	154.9	156.8	157.78	160.075	155.648
误差/%	3.4	4.6	5.1	6.4	3.8

从表 5 - 20 中可以看出,下潜运动实验测得的水动力系数与仿真求解的水动力系数的误差在小于 6.4%。将实验测量的各下潜速度的阻力值作为应变量、下潜速度为自变量,利用软件采用最小二乘法完成拟合,拟合方程为 $Z_E = -156.6w^2$。

由拟合方程可知,通过拖拽阻力测试实验测量的下潜运动的水动力系数为 - 156.6,仿真求解的阻力系数为 - 149.66,整体误差小于 5%。实验结果与仿真结果存在误差的原因:(1)在 CFD 仿真过程中模型的化简;(2)在实验过程中实验样机有缆绳存在所致;(3)在水池实验中,存在流体波浪的干扰。

下面是对仿潜水员机器人下潜运动的定深测试,目的是验证下潜深度控制策略的实际控制效果是否达到要求。通过质心姿态角和深度值的变化分别控制转速,进行机体平稳下潜。获得控制量进行实现精准定深运动。实验具体过程:依据下潜深度控制理论在 MDK KEIL5 中进行深度控制程序的编写,然后下载到 STM32 控制器中;将仿潜水员机器人的初值位置定在 0.4 m 的水深处,并以 0.2 m/s 下潜速度实现 0.6 m、0.8 m 和 1 m 深度的下潜、定深与悬停,实验环境与实验过程如图 5 - 66 所示。

下潜深度控制基于常规 PID 控制原理的测试结果如图 5 - 67(a)所示、基于模糊 PID 控制原理的测试结果如图 5 - 67(b)所示。

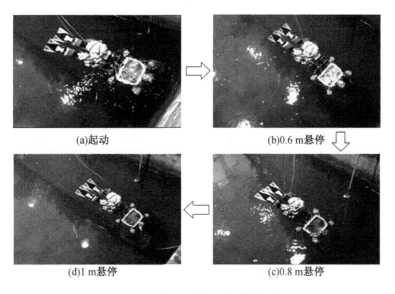

(a)起动　　　　　　　　(b)0.6 m悬停

(d)1 m悬停　　　　　　　(c)0.8 m悬停

图 5 - 66　定深测试实验环境与过程

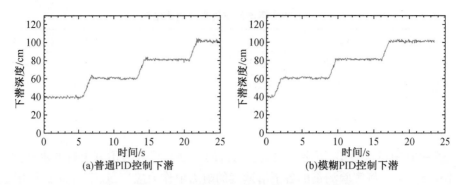

图 5 – 67   基于 PID 控制原理的下潜运动测试结果

从图 5 – 67 中可以看出,基于常规 PID 和模糊 PID 控制的下潜过程和悬停过程均出现较小幅度的波动,波动幅值约为 0.03 m,波动幅值是整体深度值 2%,整体下潜深度曲线平稳。基于常规 PID 控制策略的下潜运动过程中,在悬停时刻产生大的超调量,幅度在 0.025 ~ 0.05 m 范围内;基于模糊 PID 控制策略的下潜运动超调几乎为 0。因此,基于模糊 PID 控制策略的下潜运动稳定性、抗干扰能力优于常规 PID,与利用软件仿真得到的结果相吻合。同时,自适应模糊 PID 控制策略对下潜深度控制的效果达到下潜运动的精度要求,精准控制应选取模糊 PID 控制策略对仿潜水员机器人下潜运动进行控制。

第6章　海底作业型机器人

神奇的海底世界里孕育着大量的宝藏,人类不断突破探索目标来探测海底的奥秘,海底探测机器人使人类的目标成为可能。在诸多的海底探测机器人中,能够在海底底部具有行走功能的机器人,可实现海底大面积的取样、海底打捞沉船、海底布设标识等,具有重大的研究价值。本章叙述海底具有行走功能的海底探测机器人的应用、功能和设计,可为相关的机器人研究提供参考。

6.1　海底作业型机器人的应用

海底作业机器人种类较多,在诸如海底管道检测与维修、海底电缆铺设与维护、海底矿物质开采、海底沉船打捞、海底预置布设等都有广泛的应用。

我们都知道,能源是人类向前进步发展不可或缺的基础,从300年前第一次工业革命开始,人类大量的消耗石油、煤炭等燃料进入了"蒸汽时代"。19世纪后期的第二次工业革命使得石油的消耗成指数倍增。20世纪中期,又出现了第三次工业革命,这次的革命效果尤为显著,科技的力量不断地更新着我们的生活方式,提高着我们的生活质量。这些改变的背后是看得见的地球资源的消耗。科技发展的日新月异离不开能源的大量开采,海洋中不仅蕴藏着丰富的生物资源,同时在海底存在最多的是天然气和石油,海洋中还有大量的矿产资源,例如铁、钴、锰、铜、镍、铬等,这是一笔值得开采的巨大财富。在进行海底开采的过程中会存在许多问题,例如水下地质复杂,环境恶劣,水下压强高等。在海洋资源探测初期,西方国家通过人工下潜探测水下环境,但是潜水作业危险性极大,会对人体造成巨大危害,如减压病、高压神经综合征、有毒气体等危险。例如在20世纪60年代英国在进行北海油田的探测过程中,在10年的时间里由于工伤死亡的人数有80多人,其中有30人是潜水员。从这些数据可以很明显地发现潜水作业的危险性极高,同时人工潜水存在高风险的同时只能下潜到一定的深度,这些缺点也意味着我们需要继续研制一种机器设备代替人类下水进行探测作业。所以水下探测等作业型机器人应运而生。

以探测为主的海底作业型机器人或是固定在某一特定位置作业的机器人,其只具有游动功能,无需海底行走功能,比如蛟龙号、ROV、AUV等。而对于海底勘探、采矿等机器人,其应该具备两种功能,一个是游动功能,另一个在海底行走功能。不同的海底作业机器人具有不同的作用,因为行走驱动方式的不同,海底作业型机器人常用的行走类型主要有履带式、足腿式、轮式等,这些不同的类型各有其优缺点,在这些行走类型中,轮式行走机构移动平稳、能耗小、速度和方向易控制,但是其在复杂路况时越障能力取决于轮子的驱动力和半径大小,半径大则越障能力强,但是会导致机器人尺寸增加。履带式机器人可在崎岖不平的路面行走,具有越障能力强、驱动力足、无需转向机构等特点,被广泛用在海底作业型机器人中。足腿式类似于人或动物,利用脚部关节机构、用步行方式实现移动的机构,也被称为步行机构。步行机构有两足、三足、四足、六足、八足等形式,其中两足步行机构适应性最好,也最接近人类,故又称为类人双足行走机构。足腿式机器人,能在凸凹不平的海底进行行走、跨越沟壑,因而具有广泛的适应性,但控制上具有相当难度。综上所述,本章重点介绍一种履带式海底作业机器人。

同时,机器人的水下部分设计复杂,在结构设计方面,不仅需要保证机器人各部分强度要求,还需要满足一定的抗腐蚀性能。在推进器系统方面,要有合理的姿态控制方案,保证机器人在水下作业时整体自身的稳定。因此进行海底作业型机器人的相关技术研究,对应用机器人进行水下探测等海洋开发与作业都具有重大意义。

6.2　海底作业型机器人的结构设计

进行海底作业型机器人的机械结构设计中,主要的机构部件具有游动机构和海底行走机构两个机构。设计海底作业机器人总体方案设计,包括各个传感器的选型等,进行三维建模和运动控制分析。

6.2.1　海底作业型机器人的设计指标

设计一个海底探测机器人,在机器人上面搭载云台摄像机、惯性导航、避碰声呐、高度计等传感器设备,以实现海底探测的目的。

海底作业型机器人的主要技术参数:

(1)总体尺寸:2 000 mm×600 mm×600 mm

(2)行走最大速度:1 m/s

(3)游动速度:>1.5 m/s

(4)整机质量:<160 kg

(5)工作水深:60 m

(6)最大续航能力:2 h

因为海底机器人主体结构上还具有实现其他功能的装置,因此对海底机器人来说,还应该具有相应的其他技术指标,比如:

(1)海底机器人能够在水下稳定的航行与行走,可靠性高。

(2)海底机器人各部分结构应当满足在承担最大水压力情况下的强度要求。

(3)各个功能性装置应该安装在合理的位置,避免出现意外时遭到破坏。

6.2.2 海底作业型机器人的设计

图6－1为海底作业型机器人的总体结构图。机器人主要由三个部分组成:骨架支撑结构,舱体外壳结构,具有特定功能的各部分设备。骨架结构主要包含内外侧板连接骨架,特定设备挂载骨架以及支撑骨架等。具有特定功能的组件包括推进器模块,提供动力源的电池仓模块,进行水下环境监控的云台,避障声呐以及深度计等传感器模块。

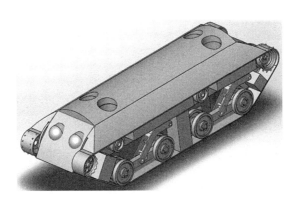

图6－1　海底作业型机器人总体方案

在进行骨架设计时,应该考虑骨架的具体材料特性,不仅需要满足材料在水下最大压力下的强度要求,还应该满足材料的耐腐蚀性能。当前在水下设备中比较常用的金属材料及各自特性见表6－1所示:

表6－1　水下常用金属材料

金属名称	特性
钛合金	强度极其高,耐腐蚀性最好,但加工制造困难,花费巨大
不锈钢	强度高,耐腐蚀性好,成本可控(如302,316等)
锡黄铜	耐腐蚀性高,强度较低
铁白铜	强度一般,耐腐蚀性较好

通过表6－1可知,虽然钛合金的强度高,耐腐蚀性最好,能够适应水下环境。但是钛合金的加工制造成本过高,制造难度比较大。锡黄铜和铁白铜等铜类材料的强度都比较低,质量和成本高,不适合选取。建议最适合选取的材料是不锈钢,比如在水下环境中比较常用的316型不锈钢,其内部填充了钼元素使其抗腐蚀性大大提高。同时具有能够抗氯化物腐蚀的特征,推荐选用316型不锈钢作为骨架材料。表6－2列出了材料的部分性能参数,为进行有限元静力学分析提供了参考。

表 6 - 2　316 型不锈钢部分性能参数

性能参数	屈服强度/MPa	抗拉强度/MPa	密度/$(g \cdot cm^{-3})$
数值	170	485	7.98

海底作业型机器人最外部骨架是由两层钢板组成,两层钢板间存在多个钢柱进行支撑,钢柱通过螺栓连接分别固定在内、外侧板上。这种连接方式的连接强度比较高,当内、外侧板承受轴向力或者横向力时都可以由两端螺栓承受应力。当内外侧板受到的轴向力较大时,内部的连接钢柱可以分担压力。使用内外侧板连接这种方式,从而舱体外壳可以与外侧板连接,推进器连接板和中间连接板骨架可以与内侧连接板相连,方便了各部分的连接。

1. 稳定性分析

海底作业型机器人的稳定性设计可以采用整体零浮力,一方面可以通过下潜推进器实现上浮和下潜,这种布置由于整体是零浮力,因此在底部缺少向下的力,使得行走机构无法附着底部而抓底行走。所以为实现在底部的稳定行走,在内部需配置升沉系统,由升沉系统调节,实现零浮或下沉功能。

根据经验应对机器人进行重力和浮力的调节,使其大小相等。然后调节浮心、重心的位置使其在一条铅垂线上,并保证合适的稳心高度,重浮心调整流程如图 6 - 2 所示 。

表 6 - 3　机器人各部分浮心计算

部件名称	浮力/N	浮心坐标/mm
内部舱体	129.4	(- 18.3,0,185.3)
履带及其驱动装置	182.3	(0,0,172.4)
骨架整体	188.1	(0,0,163.8)
舱内浮力块	115.6	(0,0,176.3)
底部浮力块	44.9	(5.7,0,94.3)
顶部浮力块	272.8	(0,0,367.2)
推进器模块	21.6	(- 236,0,214.7)
机器人整体	954.7	(- 2.6,0,225.8)

表 6 - 4　机器人各部分重心计算

部件名称	重力/N	重心坐标/mm
底部外壳	74.5	(0,0,74.7)
履带驱动系统	185.2	(40.8,0,120.8)
骨架内侧连接板	60.7	(0,0,123.5)
骨架外侧连接板	60.8	(0,0,124.1)
其他固定骨架	16.7	(0,0,105.8)

表 6 - 4(续)

部件名称	重力/N	重心坐标/mm
主推推进器	21.9	(-674,0,151.8)
潜伏推进器	28.4	(0,0,228.8)
驱动电池密封舱	127.4	(389,0,160.9)
控制电池密封舱	62.7	(-339,0,160.9)
控制系统密封舱	54.9	(-51,0,142.7)
顶部外壳	171.3	(0,0,317.2)
推进器连接板	21.6	(0,0,176.4)
电池仓连接板	19.6	(0,0,185.5)
控制密封舱卡箍	10.8	(0,0,162.3)
机器人总体	916.5	(19.9,0,170.8)

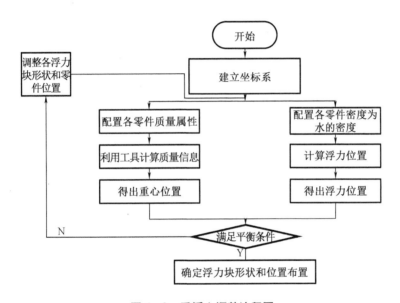

图 6 - 2　重浮心调整流程图

通过表 6 - 3、表 6 - 4 所测得各个零部件的重力,浮力大小以及重浮心坐标进行计算,可以得出机器人总体的重力、浮力以及重浮心位置。根据结果可以看出,在 X 轴方向上的重心与浮心位置差距较大,不满足重浮心位置以及重浮力大小的要求,因此需要进行重浮心的调整。设计的机器人属于浮力大于重力的情况,并且在 X 轴方向上有较大的偏差,所以应当采用添加配重的方式来改变机器人重心的位置。

对新增质量块的质量和位置应用重心公式进行计算,设新增质量块的重心坐标为 $G(x,0,z)$,原重心坐标是 $G(44.2,0,170.8)$,调整之后的重心坐标应为 $(-2.6,0,z)$,可以得出:

$$\begin{cases} x_z = \dfrac{19.9 \times G + x_k \times G_k}{G + G_k} = -2.6 \\[3mm] z_z = \dfrac{170.8 \times G + z_k \times G_k}{G + G_k} = z \end{cases} \qquad (6-1)$$

新增的质量块两边对称的安装在两个内侧板上,所以新增的质量块应该满足内侧板的尺寸条件并且符合稳心高度的要求,由此可以得出的相应边界条件为

$$\begin{cases} G_k > F - G \\ 0 < z_k < 500 \\ 225.8 - z > 50 \end{cases} \qquad (6-2)$$

取质量块的质量为 4 kg 代入式子 6-1 可以求得 $x_k = -528.6$,同理取 $z_k = 150$,将这两个坐标值代入可以求出安装质量块后的重心坐标为(-2.59,0,169.9)。进一步可求得机器人在水下处于稳定状态时,姿态角为 0.01°,稳心高度为 55 mm,满足机器人在稳定性要求,调节合理。

2. 升沉系统

水下可调浮力升沉系统主要有三种方法,如图 6-3 所示。

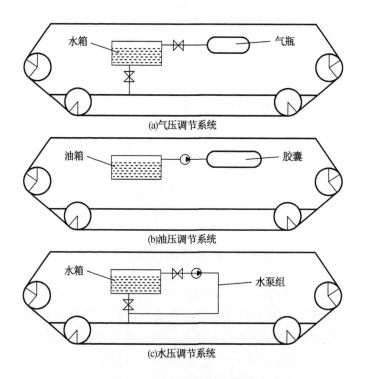

图 6-3　可调浮力升沉系统

浮力调节的三种方法分别是气压传动、油压传动和海水液压传动。其中,油压传动和海水液压传动的组成均包括油(水)箱、油压(海水)泵以及控制阀组等。同油压传动相比,海水液压技术由于其与海洋环境相容、具有海深压力自动补偿功能、运行成本低、工作介质易处理、系统组成简单等优点,被广泛应用在深海装备中,是大深度浮力调节的理想方式,使用海水

液压浮力调节系统比较好。海水液压浮力调节系统可参考图6-4所示设计。

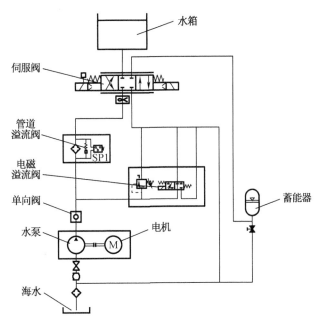

图6-4　海水液压浮力调节系统

其工作原理为,海水的注入、排出由伺服换向阀进行控制,通过电机驱动水泵进行海水的排出或注入水箱动作,使浮体进行上浮或下潜。

3. 骨架分析

使用分析软件 ANSYS Workbench 中的静力学分析模块进行有限元分析,首先使用 solidwork 软件进行骨架结构的三维建模,然后将模型导入静力学分析模块中进行加载计算,可求得有限元计算结果。如图6-5所示。

设计骨架结构是双层板结构,内侧板与外侧板通过螺栓与多个带螺纹的钢柱连接,两个内侧板通过多个承重板相连,这些连接件共同组成了装置的骨架结构。内、外侧板以及承重板所承担的重力情况有所区别,承重板主要是负责承担电池仓与控制仓的质量,外侧板主要承担履带轮的质量,内侧板除了承担履带轮的质量外还负责承担推进器的质量以及挂载在其上的相关传感器的质量。将内外侧板,承重板与其连接结构的装配结构进行简化后导入 Workbench 分析模块,经检查模型没问题后对其进行网格划分,通过调节网格相关度与相关中心以及局部尺寸的方式对网格进行调节,该网格的倾斜度指标 skewness = 0.219 8,根据网格质量倾斜度指标可知网格划分满足要求,网格如图6-5(a)所示。接着对其添加载荷以及约束,取吊装支架上表面为固定约束。

设置完载荷和约束后进行静力学有限元分析计算,得到应力云图6-5(b)和应变云图6-5(c)。从计算得出的应力云图和变形图可知:当装置在被吊起时,应力主要集中在负载板与内侧板的连接处,应力最大值为2.96 MPa,负载板中间部分有微小应力集中,应力值为1.42 MPa。骨架装置的形变较大的位置处在负载板的中间位置,最大应变量为0.01 mm。

根据计算得出的结果可以得出结论:骨架结构所受的最大应力小于材料的屈服强度,最大变形量较小,对结构刚度的影响比较小。可见,骨架结构的强度和刚度都满足设计要求。

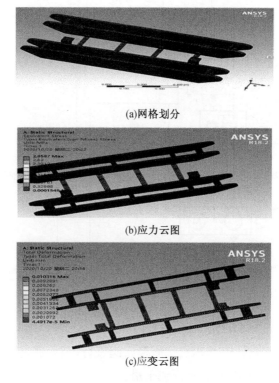

(a)网格划分

(b)应力云图

(c)应变云图

图6-5　骨架有限元分析

6.3　海底作业型机器人的分析

完成海底作业型机器人的总体结构设计后,要进行机器人的动力解耦分析、计算,为控制系统提供依据。

6.3.1　海底作业型机器人前处理模型

海底作业型机器人的结构复杂,零件较多,直接将三维模型导入CFD中进行计算,会加大网格划分的难度,使得计算时长增加,且不易解算出收敛结果。因此要对模型进行简化处理,简化后的模型如图6-6所示。在进行机器人水下阻力仿真时,流场计算域的设置非常重要,计算域应当能够反映出实际流场的改变状态。根据相对运动的原理,当机器人在直航前进时的阻力仿真计算可以看作是让具有一定速度的水流沿机器人前进方向的反方向冲击机器人的运动,此时机器人可以看作是静止的,这时可以很好地模拟水下运动状态,选择圆柱体计算域进行仿真计算。

网格划分情况及边界条件设置时,网格划分采用软件自带的网格划分模块。为了更好地求得精确结果,在完成模型简化,流体域设置及网格划分后还需要进行初始条件以及边界条件的设定。将流体域入口设置为速度的入口,速度方向为垂直于流体域入口。由于流体域设置的长度足够,所以在不发生回流的情况下将流体域出口作为压力出口,并且将压力初始值设置为零。计算域的壁面为无滑移的壁面,壁面表面粗糙度设置为零。

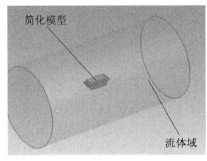 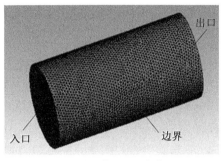

(a)简化结构模型及流体域   (b)划分网格及边界条件

图6-6 前处理模型

6.3.2 海底作业型机器人水动力分析

1.直航姿态仿真

机器人在水下航行时的最大航速为 3 kn,即为 1.6 m/s,为了更好地进行曲线拟合,仿真计算从 0.6 m/s 开始计算机器人的阻力值,以 0.2 m/s 的速度增加,直到增加至 2 m/s,进行 8 组仿真计算。根据仿真结果可得到表 6-5 所示的压差阻力值 R_v,摩擦阻力值 R_f 以及总阻力值 R_t 的大小。

表6-5 机器人直航仿真阻力值

速度值/$(m \cdot s^{-1})$	R_v/N	R_f/N	R_t/N
0.6	1.52	21.26	22.78
0.8	2.53	37.99	40.52
1.0	3.92	59.40	63.32
1.2	5.53	86.29	91.82
1.4	7.32	122.10	129.42
1.6	9.34	154.56	163.93
1.8	11.51	201.45	212.96
2.0	13.85	246.40	260.25

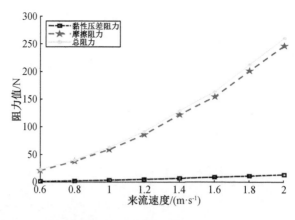

图 6-7　阻力与流速关系图

通过图 6-7 所示，可以很明显地观察到随着流速的不断增加，压差阻力和摩擦阻力的值也在不断增加，使得机器人所受的总阻力不断加大。同时可以看出摩擦阻力占总阻力值的 90% 以上，是阻碍机器人运动的主要阻力；黏性压差阻力值占比较小的同时增长的速率也比较小，对机器人的运动影响较小。由图可知随着流动速度的增加，摩擦阻力值和总阻力值的增长速度也逐渐加快，两曲线类似抛物线增长；压差阻力值的曲线近似直线上升，增长缓慢。

当机器人在水下航行速度越快时，机器人需要克服的阻力也越大。通过使用 Fluent 软件的后处理功能得到航行速度为 1.2 m/s 的时候机器人各平面流场流速分布云图以及机器人整体表面压力分布云图如图 6-8 所示。可知在直航时迎流面所受到的压力值较大，尤其是为了安装云台摄像头而设计出的凹槽部分所受的压力值最大。下面对机器人整体所受的压力情况进行简单分析，当水流以一定的速度向机器人流过时，机器人的迎流面最先受到冲击，而水流也由于受到阻碍的原因速度会逐渐变缓。这时水流的动能转化为内能的同时会对机器人做功，这就会使得机器人的迎流面区域的压强比较大。然后，受到行进阻碍的水流会继续沿着机器人的外侧向后流动，其中一部分水流也会从机器人的下面流动，而剩余的水流会顺着机器人的顶部舱盖向后方流去。因为局部分离的原因，这就会使得在顶部舱盖上方及下方底部浮体处出现一部分负压强区域，而设计出的顶部舱盖以及底面浮体的表面平整且比较光滑，所以当水流流过时的阻力较小，这时的压强又开始逐渐增加起来，同时压强值也会处于比较稳定的状态，可以明显地观察到机器人的舱体外壳的表面所受到的压力值要远小于机器人迎流面的压力值。各平面流场云图以及流速流线图可以看出在机器人直航时艉部会产生局部抑制涡流，而机器人迎流面以及机器人两侧的流场分布比较均匀并且没有明显的变化。这种现象产生的主要原因是被中间的舱体阻碍的部分水流与机器人两侧流动顺畅的水流相互作用而形成涡流，这些形成的涡流不断地发展并集中在艉部会形成较为复杂的涡流。

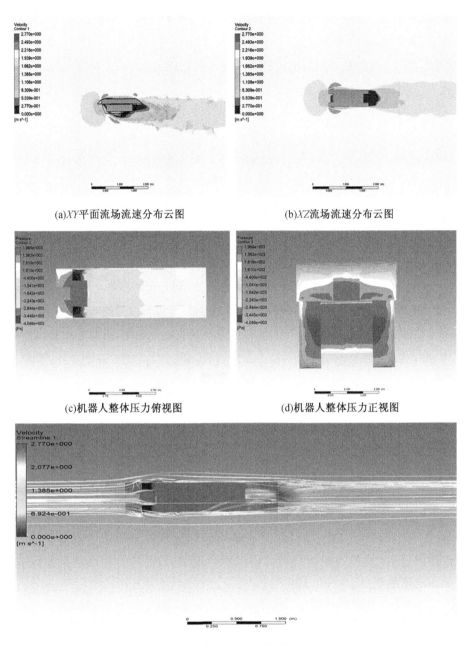

(a)XY平面流场流速分布云图　　　　(b)XZ流场流速分布云图

(c)机器人整体压力俯视图　　　　(d)机器人整体压力正视图

(e)机器人直航流速流线图

图6-8　航速为1.2 m/s 的直航仿真后处理结果

使用数学软件对其使用最小二乘法进行拟合即可得到拟合曲线方程,从而得到直航方向上的水动力系数。拟合曲线的最终结果如图6-9所示,拟合得出的结果可以得出无因次系数:$X'_{uu} = -0.067$。

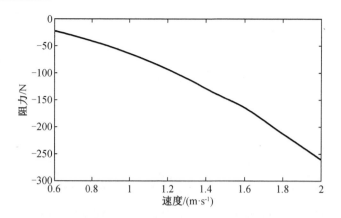

图 6 - 9   直航速度与阻力值拟合曲线

2. 下潜仿真

机器人下潜仿真设置流体域入口距离机器人底部为机器人高度的 5 倍,流体域出口距离机器人顶部为机器人高度的 5 倍,圆柱计算域直径为机器人长度的 6 倍;下潜速度值要低于直航速度,设置下潜速度为 0.6 ~ 2.0 m/s,速度以 0.2 m/s 递增,进行 8 组仿真计算,仿真得到阻力值见表 6 - 6 所示。

表 6 - 6   机器人下潜仿真阻力值

速度值/(m·s^{-1})	0.6	0.8	1.0	1.2
阻力值/N	- 138.53	- 246.22	- 384.12	- 554.16
速度值/(m·s^{-1})	1.4	1.6	1.8	2.0
阻力值/N	- 753.14	- 983.35	- 1 246.86	- 1 536.22

与直航仿真时的计算相似,取机器人下潜速度为自变量,机器人下潜时受到的阻力值为因变量,使用最小二乘法进行拟合即可得到拟合曲线方程,拟合曲线结果如图 6 - 10 所示,得到无因次化系数:$Z'_{uu} = -0.391\ 3$。

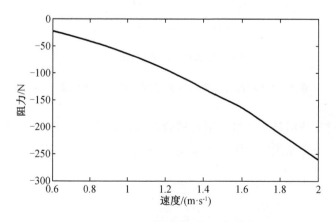

图 6 - 10   下潜速度与阻力值拟合曲线

图6－11是Fluent软件的后处理得到下潜速度为1.2 m/s的机器人各平面流场流速分布云图以及机器人整体表面压力分布云图。

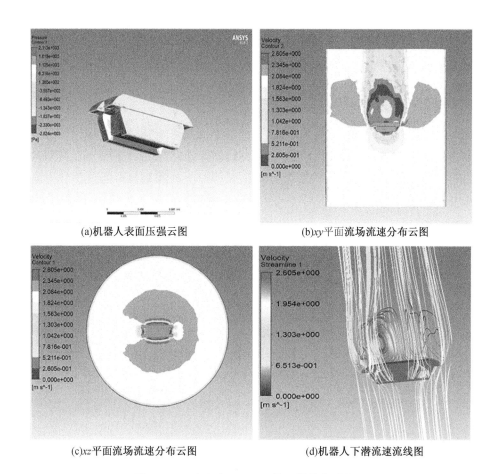

(a)机器人表面压强云图　　　　　　　　　(b)*xy*平面流场流速分布云图

(c)*xz*平面流场流速分布云图　　　　　　(d)机器人下潜流速流线图

图6－11　速度为1.2 m/s的下潜仿真后处理

根据图6－11(a)可知,当机器人做下潜运动时,水流以一定的速度向机器人流过时,机器人的下表面最先受到冲击,而水流也由于受到阻碍的原因速度会逐渐变缓。从图6－11(d)中的流速流线图以及各平面的流场流速分布云图可以看出,在机器人下潜的过程中,在机器人的顶部会产生抑制涡流,主要由于当水流流过机器人时被底部阻挡的部分水流与机器人侧边没有受到阻碍的水流之间相互作用形成的,两部分水流互相影响,会在机器人顶部形成较大的涡流。机器人在下潜时所受到的阻力值要比直航时受到的阻力值大,在下潜过程中的流场流速在机器人周围分布比较均匀并且大致呈对称式分布,可以得出机器人的下潜运动过程比较稳定。

3.转艏仿真

机器人转艏速度要求较低,设置转艏初始速度为0.2 m/s,速度增加到1.0 m/s共进行5组仿真计算,得到不同速度下的阻力矩见表6－7所示。

表 6 – 7　机器人不同转艏速度下阻力矩值

角速度/$(\text{rad} \cdot \text{s}^{-1})$	0.2	0.4	0.6	0.8	1.0
阻力矩/N·m	-91.22	-182.36	-281.32	-391.54	-512.64

机器人转艏角速度为自变量,机器人转艏时的阻力矩为因变量,使用最小二乘法进行拟合即可得到拟合曲线方程,拟合曲线结果如图 6 – 12(a) 所示,得到无因次化系数:$N_r' = -0.273\ 8$。

机器人的后处理得到转艏速度为 1 rad/s 的各平面流场流速分布云图以及机器人整体表面压力分布云图。图 6 – 12(b) 可知机器人在转艏运动时,潜水器迎流面的压强较大。图 6 – 12(c) 可知,机器人转艏运动时,机器人的艉部会产生抑制涡流。所以机器人转艏运动时阻力小于直航和下潜时阻力。

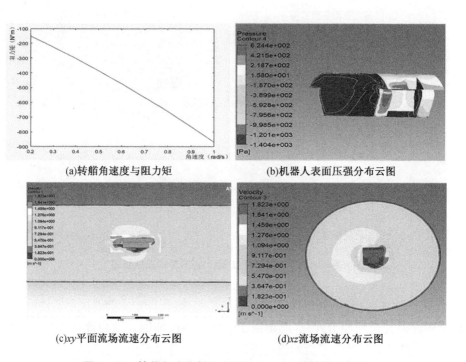

(a)转艏角速度与阻力矩　　　　(b)机器人表面压强分布云图

(c)xy平面流场流速分布云图　　　　(d)xz流场流速分布云图

图 6 – 12　转艏角速度与阻力矩及 1 rad/s 的转艏后处理

综合直航、下潜和转艏计算结果,求得机器人直航、下潜及转艏三个运动动力学模型有如下结果:

$$\begin{bmatrix} 93.5 & & \\ & 93.5 & \\ & & 65.9 \end{bmatrix}\begin{bmatrix} \dot{u} \\ \dot{w} \\ \dot{r} \end{bmatrix} + \begin{bmatrix} 66.48u & & \\ & 383.47w & \\ & & 518.62 \end{bmatrix}\begin{bmatrix} u \\ w \\ w \end{bmatrix} = \begin{bmatrix} T_X \\ T_Z \\ T_N \end{bmatrix} \qquad (6-3)$$

6.3.3 推进与行走系统

由式 6 - 3 可以计算得出在直航和下潜运动时不同速度、不同加速度情况下需要的推力。机器人与推进器的布置方式有很大关系。

1. 推进驱动

机器人在水下的主要运动状态为直航和升沉。机器人共配置 6 台推进器,其中 2 台水平矢量推进器,4 台竖直矢量推进器,4 台竖直矢量推进器呈对称布置。水平矢量推进器和竖直矢量推进器布置简图分别如图 6 - 13 所示。

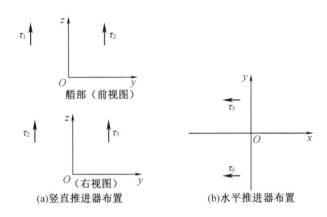

图 6 - 13 推进器布置

依据图 6 - 13 布置,可以得到机器人直航,升沉所需的推力为式(6 - 4)。

$$\begin{cases} T_x = \tau_5 + \tau_6 \\ T_z = \tau_1 + \tau_2 + \tau_3 + \tau_4 \end{cases} \qquad (6-4)$$

进一步可求得机器人水平推进器及竖直推进器所需的推力为

$$\tau_5 = \tau_6 > 74.8$$

$$\tau_1 = \tau_2 = \tau_3 = \tau_4 > 34.5$$

选择使用无刷直流电机式推进器 T300,其相关参数如表 6 - 8 所示。

表 6 - 8 T300 推进器规格参数

叶片数	额定功率/W	额定转速/($r \cdot min^{-1}$)	空中质量/kg	水中质量/kg	长度/mm	直径/mm	前进推力/kg
6	580	2 080	1.3	0.9	249	116	8.3

2. 行走驱动

履带式机器人在平衡状态下的驱动力矩与牵引力之间的关系是:

$$F_k = \frac{M_k - M_r}{R} - F' = \frac{M_k - (M_{f1} + M_{f2} + M_{\beta})}{R} - F' \qquad (6-5)$$

式中 R——驱动轮半径为牵引力；

$\quad\quad M_k$——驱动力矩；

$\quad\quad M_r$——内部摩擦力矩；

$\quad\quad F'$——直航水阻力。

其中由于履带结构中会存在轮子与履带啮合、轴承转动等情况，由于内部摩擦阻力矩不能够忽略，履带内部摩擦阻力主要分为三种：

驱动轮轴承转动内摩擦阻力矩为

$$M_{f1} = F_{f1}R = \mu_1 R \sqrt{(\sin \varphi F_0 + F_{n1})^2 + (\cos \varphi F_0 + F_k)^2}$$

履带与驱动轮啮合摩擦力矩为

$$M_{f2} = F_{f2}R = \mu_2 R \tan \frac{90°}{Z}(F_k + F_0)$$

履带和从动轮啮合摩擦阻力矩为

$$M_{f3} = F_{f3}R = \mu_2 R(F_n - F_{n2})$$

履带式结构的牵引力可用下式表示

$$F_k = F_a + F_b + F_r \quad\quad\quad (6-6)$$

其中惯性力、启动惯性阻力、土壤阻力公式：

$$F_a = ma$$

$$F_b = \lambda mv$$

$$F_r = \frac{2}{(n+1)\left(\dfrac{b}{k_c} + k_\varphi\right)^{\frac{1}{n}}} b\left[\frac{mg\cos \alpha}{2bL}\left(1 + \frac{6e}{L}\right)\right]^{\frac{n+1}{n}}$$

式中 λ——泥土参数；

$\quad\quad L$——接触长度；

$\quad\quad B$——接触宽度；

$\quad\quad \alpha$——斜坡角度；

$\quad\quad K_c$、K_φ——土壤变形模量；

$\quad\quad e$——偏心矩；

$\quad\quad n$——土壤变形指数。

驱动电机的功率计算公式为

$$P = \frac{1}{n} \cdot \frac{F \cdot V_{max}}{\eta} \quad\quad\quad (6-7)$$

这样，驱动电机转矩可求，根据机器人在海底爬行时所需电机功率，就可以选择驱动电机的型号。由于驱动电机需要具有较大的扭矩才能够带动整个水下机器人行进，根据设计机器人的工作环境以及供电方式，最终选择直流无刷电机作为驱动电机。具体电机参数可参照表6-9所示。

表 6 – 9　驱动电机规格参数

额定电压/V	额定功率/W	额定转速/RPM	额定扭矩/N·m	额定电流/A	瞬时最大扭力/N·m	最大功率/W
24	300	1200	2.39	18	7.2	900

6.4　海底作业型机器人的控制系统

对于完整机器人系统来说,不仅需要有合理的机械结构和平稳的运动性能,还需要有一个良好的控制系统。机器人控制应能够与上位机进行稳定的通信,可提高机器人响应的快速性和稳定性。海底作业型机器人控制系统的管理与监控,可参照基于 LabVIEW 综合显控系统设计来实现,搭建人机交互界面,达到综合控制与监测潜水器的目的。

6.4.1　控制系统结构

图 6 – 14 为设计范例的控制系统结构框图。控制系统上位机控制层主要包括基于 Windows 系统的 LabVIEW 界面程序和基于控制盒(鼠标)的按键控制,其中,上位机的 LabVIEW 控制为巡检机器人的主要控制方式,控制盒的按键控制主要为了实验时方便调试,以及在上位机 LabVIEW 失灵的情况下作为备用的控制方式。下位机主控层以 STM32F4 单片机为核心,周围搭载四款单片机作为控制层的二级控制芯片,分别专门用作不同功能的数据处理,实现录像、行走、导航定位、诊断等功能。

6.4.2　软件系统界面

如图 6 – 15 所示为海底探测机器人监测系统的人机交互界面,作为上位机显示界面,其主要用于显示海底探测机器人的内部工作环境、外部作业环境参数以及运动运行状态,整体显示系统主要是利用 LabVIEW 软件进行编写的,通过 LabVIEW 的模块化编程语言可以快速地实现人机系统搭建。

程序开始通过串口无线传输模块尝试连接下位机主控芯片,连接成功后则等待按键按下,如果有按键按下则向下位机发送控制指令数据包,从而控制下位机的芯片,进而对机器人的行走电机、上下游动电机、作业电机等进行控制,如果下位机返回相应按键所对应的返回确认标志,则下位机接收控制命令成功,上位机和下位机控制流程如图 6 – 16 所示。

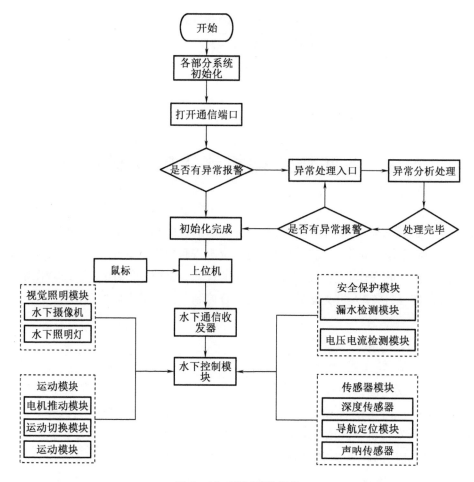

图 6-14　控制系统结构

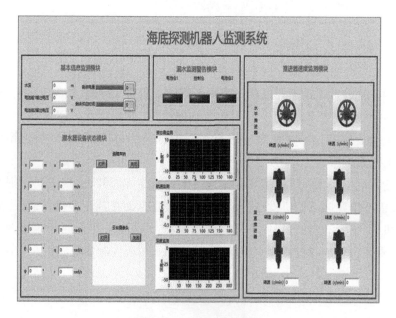

图 6-15　软件系统界面

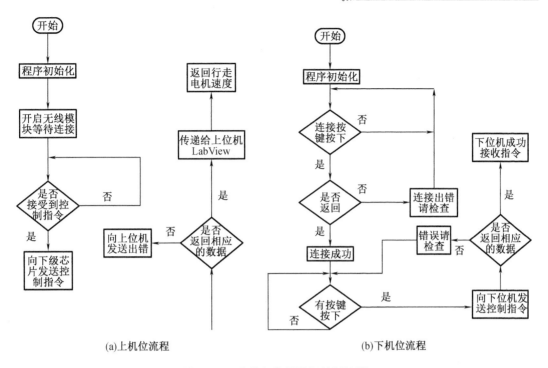

(a)上机位流程　　　　　　　　(b)下机位流程

图 6 - 16　上位机和下位机控制流程

6.4.3　行走驱动电机控制仿真

采用单位负反馈的系统闭环传递函数为

$$G(s) = \frac{G_1(s)}{1 + G_1(s)} = \frac{98.98}{s^2 + 23.93s + 208.9} \tag{6-8}$$

1. PID 仿真

将传递函数写入,进行仿真,经过多次参数调节后,其 PID 效果如图 6 - 17 所示,可以看出,稳定时间约为 0.31 s。

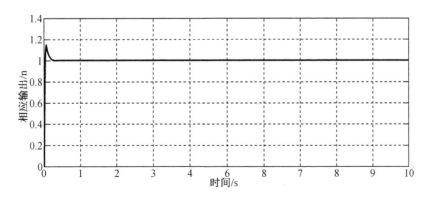

图 6 - 17　PID 控制响应曲线

2. 模糊 PID 仿真

把输入输出的值映射到模糊论域中,用{NB,NM,NS,ZO,PS,PM,PB}来表示模糊集, NB,NM,NS,ZO,PS,PM,PB 分别表示负大、负中、负小、零、正小、正中、正大,把偏差 e 和偏差变化率 ec 论域均设置为{-3,-2,-1,0,1,2,3},ΔK_p 的论域设置为{-1.2,-0.58, -0.25,0,0.25,0.58,1.2},ΔK_i 的论域设置为{-7,-5,-3,0,3,5,7},ΔK_d 的论域设置为{-0.048,-0.032,-0.016,0,0.016,0.032,0.048},建立模糊 PID 的框图如图 6-18 所示,得出其响应特性如图 6-19 所示。

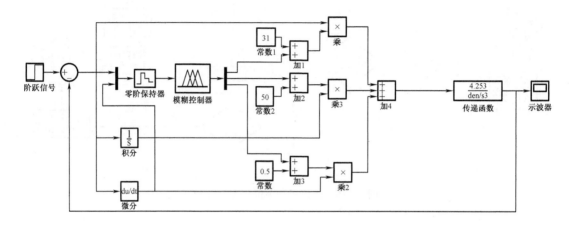

图 6-18 模糊 PID 控制仿真框图

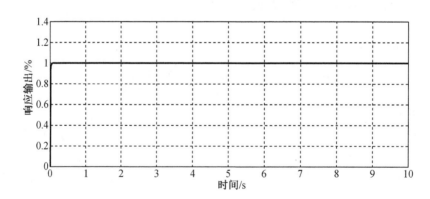

图 6-19 模糊 PID 控制响应曲线

其超调量小于 2%,相比常规 PID,其超调量减小,反应时间非常迅速,在 0.2 s 以内。可见模糊 PID 的控制方式更加适合控制系统对电机的控制。

3. 抗干扰能力仿真

分别给两种控制方法输入同样的随机干扰,对比其抗干扰的能力,随机扰动函数如图 6-20(a)所示。将随机扰动加入常规 PID 控制环节中,其响应图如图 6-20(b)所示,将随机扰动加入模糊 PID 控制环节中,其响应图如图 6-20(c)所示。可见常规 PID 抗干扰能力较差,随机干扰具有很大的影响,其超调量达到了 18%。模糊 PID 在随机干扰的情况下,其超调量小于 4%,随机干扰对模糊 PID 的影响较小。

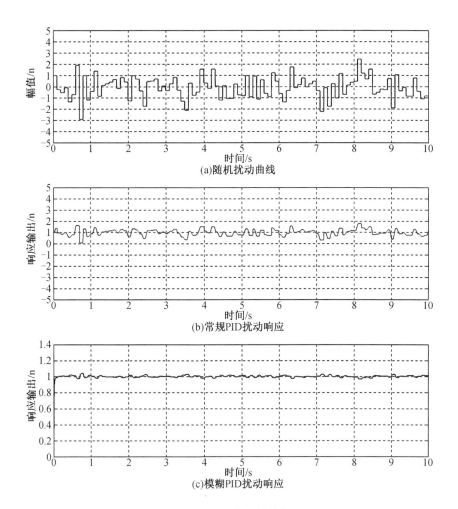

(a)随机扰动曲线

(b)常规PID扰动响应

(c)模糊PID扰动响应

图 6 - 20 抗干扰分析

参 考 文 献

[1] 柯冠岩,吴涛,李明,等.水下机器人发展现状和趋势[J].国防科技,2013,34(5):44－47.

[2] 蒋新松,封锡盛,王棣棠.水下机器人[M].沈阳:辽宁科学技术出版社,2000.

[3] 亚斯特列鲍夫,依格纳季耶夫,库拉科夫,等.水下机器人[M].北京:海洋出版社,1984.

[4] 谢广明,李卫京,刘甜甜,等.水中仿生机器人导论[M].北京:清华大学出版社,2017.

[5] 徐会希,等.自主水下机器人[M].北京:科学出版社,2019.

[6] 魏延辉.UVMS 系统控制技术[M].哈尔滨:哈尔滨工程大学出版社,2016.

[7] 刘贵杰,严谨,黄桂丛.海洋资源勘探开发技术和装备现状与应用前景[M].广州:广东经济出版社,2015.

[8] ALFOUZAN F A,GHOREYSHI S M,SHAHRABI A,et al. An AUV-Aided Cross-Layer Mobile Data Gathering Protocol for Underwater Sensor Networks dagger [J]. Sensors (Basel, Switzerlanol) ,2020,20(17) :4813.

[9] SUN Y, RAN X, ZHANG G, et al. AUV path following controlled by modified Deep Deterministic Policy Gradient[J]. Ocean Engineering,2020,210:1073.

[10] CAO X,SUN H,GUO L A. A fuzzy-based potential field hierarchical reinforcement learning approach for target search by multi-AUV in 3-D underwater environments[J]. International Journal of Control,2020,97(7):1677－1683.

[11] 张忠林,张永锐,等.Pro/ENGINEER Wildfire 5.0 机械设计行业应用实践[M].北京:机械工业出版社,2010.

[12] 肖扬,张晟玮,万长成.Creo 6.0 从入门到精通[M].北京:电子工业出版社,2020.

[13] 北京兆迪科技有限公司.SolidWorks 2019 快速自学宝典[M].北京:机械工业出版社,2019.

[14] 于海泳,倪小清,杨鹏,等.海洋水文气象对驱护舰兵力作战效能影响研究[J].舰船电子工程,2014,34(10):114－118.

[15] 赵闪,余华兵,董翔,等.浅析船舶海洋测报系统研究[J].电脑与信息技术,2012,20(4):1－5.

[16] 董翔,张昊睿.我国船舶测报现状与对策[J].海洋开发与管理,2016(7):92－96.

[17] 王红霞,李艳.水文气象数据与电子海图的交互式信息融合技术[J].舰船科学技术,2017,39(2):100－102.

[18] 李博,叶颖,王斌,等.海洋环境综合监测信息系统的设计与实现[J].海洋技术学报,2016,35(4):44－49.

[19] 孙芳,邓玉芬,刘一帆.海洋水文气象数据实时传输系统的设计与实现[J].海洋技术

学报,2014,33(3):33-37.

[20]　陈厚泰,徐玉如,黄锡荣.关于深潜艇六自由度运动的流体动力系数测定和推算[J].船工学报,1980(1):40-66.

[21]　王新龙.惯性导航基础[M].西安:西北工业大学出版社,2019.

[22]　纽若丁,卡拉麦特,乔治.惯性导航、卫星定位及其组合的基本原理[M].黄卫权,赵琳,译.北京:国防工业出版社,2017.

[23]　赵建虎,张红梅,吴永亭,等.海洋导航与定位技术[M].武汉:武汉大学出版社,2017.

[24]　邱海洋.水下机器人同步定位与地图构建技术[M].长春:吉林大学出版社,2020.

[25]　霍奇斯.水声学:声呐分析、设计与性能[M].于金花,译.北京:海洋出版社,2018.

[26]　田坦,刘国枝,孙大军.声呐技术[M].哈尔滨:哈尔滨工程大学出版社,2000.

[27]　申强龙.有缆水下机器人结构设计与分析[D].杭州:杭州电子科技大学,2017.

[28]　倪健康.爬壁机器人设计及其吸附装置优化[D].大连:大连海事大学,2013.

[29]　蔡丽君.履带式爬壁机器人设计与研究[D].上海:上海工程技术大学,2011.

[30]　张忠林,杨恩程,刘安堂,等.高海况船舶施救机器人:ZL201710595743.1[P].2018-01-25.

[31]　李杰超,曹力科,肖晓晖.轮式磁吸附超声检测爬壁机器人的设计与吸附稳定性分析[J].中南大学学报(自然科学版),2019,50(12):2989-2997.

[32]　李占鹏.船舶除锈清洗爬壁机器人永磁式履带研究应用[J].广东造船,2020,39(2):47-50.

[33]　TOVARNOV M S,BYKOV N V. A Mathematical Model of the Locomotion Mechanism of a Mobile Track Robot with the Magnetic-Tape Principle of Wall Climbing[J]. Journal of Machinery Manufacture and Reliability,2019,48(3):250-258.

[34]　ZHANG K,CHEN Y,GUI H,et al. Identification of the deviation of seam tracking and weld cross type for the derusting of ship hulls using a wall-climbing robot based on three-line laser structural light[J]. Journal of Manufacturing Processes,2018,35(1):295-306.

[35]　HUANG H,LI D H,XUE Z,et al. Design and performance analysis of a tracked wall-climbing robot for ship inspection in shipbuilding[J]. Ocean Engineering,2017,131(2):224-230.

[36]　刘峰.载人潜器总体设计优化方法研究[D].哈尔滨:哈尔滨工程大学,2014.

[37]　范士波.深海作业型 ROV 水动力试验及运动控制技术研究[D].上海:上海交通大学,2013.

[38]　KOHNEN B W. Manned Underwater Vehicles 2017-2018 Global Industry Overview[J]. Marine Technology Society Journal,2018,12:351-416.

[39]　刘帅,叶聪,胡震,等.观光潜水器发展现状与展望[J].中国造船,2013,54(3):190-198.

[40]　郑毅.微型观光潜艇推进装置研究[D].哈尔滨:哈尔滨工程大学,2011.

[41]　段延峰.微型观光潜艇壳体系统研究[D].哈尔滨:哈尔滨工程大学,2011.

[42]　李文跃,欧阳吕伟,李艳青,等.大深度潜器载人球壳开孔强度的理论计算及试验验

证[J].船舶力学,2016,20(10):1289 – 1298.

[43] 邓小秋,李志强,赵隆茂,等.有机玻璃力学性能的研究现状[J].力学与实践,2014,36(5):540 – 550.

[44] 高霓.微小型水下潜器近自由液面操纵性预报[D].哈尔滨:哈尔滨工程大学,2013.

[45] 邓锐,黄德波,于雷,等.影响双体船阻力计算的流场 CFD 因素探讨[J].哈尔滨工程大学学报,2011,32(2):141 – 147.

[46] ZHU K,GU L. A MIMO nonlinear robust controller for work-class ROVs positioning and trajectory tracking control[J].IEEE,2011,35(2):2565 – 2570.

[47] BESSA W M,DUTRA M S. kieuzer E. Sliding Mode Control with Adaptive Fuzzy Dead – Zone Compensation of an Electro-hydraulic Servo-System[J]. Journal of Intelligent and Robotic Systems,2010,58(1):3 – 16.

[48] MUTHUKRISHNAN P,PRAKASH P,SHANKAR K, et al. Benign Approach of Plant – Derived Inhibitor:Assessing Their Anticorrosive Activity on Mild Steel in Acidic Media[J]. Journal of Failure Analysis and Prevention,2018,18(3):677 – 689.

[49] 王超,黄胜,解学参.基于 CFD 方法的螺旋桨水动力性能预报[J].海军工程大学学报,2008,20(4):107 – 112.

[50] RAMDANI N,FRAISSE P. Safe Motion Planning Computation for Databasing Balanced Movement of Humanoid Robots[J].IEEE Press,2009,32(2):1669 – 1674 .

[51] PARK I W,KIM J Y,OH J H. Online Walking Pattern Generation and Its Application to a Biped Humanoid Robot——KHR-3(HUBO)[J]. Advanced Robotics,2008,22(1):159 – 190.

[52] 绳涛,马宏绪,王越.仿人机器人未知地面行走控制方法研究[J].华中科技大学学报(自然科学版),2004(S1):161 – 163 .

[53] 刘莉,汪劲松,陈恳,等.THBIP-I 拟人机器人研究进展[J].机器人,2002,24(3):262 – 267.

[54] Xia Z,Liu L,Jing X,et al. Design aspects and development of humanoid robot THBIP – 2[J]. Robotica,2008,26(1):109 – 116 .

[55] 伊强,陈恳,刘莉,等.小型仿人机器人 THBIP – II 的研制与开发[J].机器人,2009,31(6):586 – 594 .

[56] 肖涛,黄强,杨洁,等.给定手部作业轨迹的仿人机器人推操作研究[J].机器人,2008,30(5):385 – 392.

[57] BINGHAM B,MINDELL D,WILCOX T. Integrating precision relative positioning into JASON/MEDEA ROV operations [J]. Marine Technology Society Journal,2006,40(1):87 – 96.

[58] 杨睿.水下机器人建模与鲁棒控制研究[D].青岛:中国海洋大学,2015.

[59] 王迪.水下机器人双目视觉测距与机械手视觉伺服控制研究[D].哈尔滨:哈尔滨工程大学,2015.

[60] 曹晓旭.自治式水下管线巡检机器人协调规划与控制技术研究[D].杭州:浙江大学,2018.

［61］ 史斌杰,吴喆莹.动力定位系统的最新技术进展分析[J].上海造船,2011(3):43 –45.

［62］ 潘光,杜晓旭,宋保维,等.水下航行器动力定位下的运动轨迹设计与仿真[J].火力与指挥控制,2006,31(8):81 –83.

［63］ 曹永辉.海浪扰动下水下航行器的动力定位性能分析[J].计算机仿真,2009,26(4):211 –214.

［64］ 郭莹,徐国华,徐筱龙,等.水下自主作业系统轨迹跟踪与动力定位[J].中国造船,2009,50(1):92 –100.

［65］ 朱康武,顾临怡,马新军,等.水下运载器多变量鲁棒输出反馈控制方法[J].浙江大学学报:工学版,2012,46(8):1397 –1406.

［66］ 葛晖,敬忠良.海流作用下全驱动自主式水下航行器环境最优动力定位控制[J].上海交通大学学报,2011,45(7):961 –965.

［67］ 周保军,刘硕.水下导航技术研究[J].现代导航,2012,3(1):19 –23.

［68］ 黄晓颖,向才炳,边少锋.原子干涉技术及其在水下导航中的应用[J].测绘科学,2011,36(6):101 –102.

［69］ 何玉庆,赵忆文,韩建达,等.与人共融:机器人技术发展的新趋势[J].机器人产业,2015(5):74 –80.

［70］ 陈峰.深海底采矿机器车运动建模与控制研究[D].长沙:中南大学,2005.

［71］ 朱洪.前复杂作业环境下的深海采矿机器人轨迹跟踪研究[D].长沙:中南大学,2010.

［72］ 曹鸿灿.ROV型深海采矿扬矿系统的动力学分析[D].长沙:湖南大学,2017.

［73］ 阙鹏飞.多功能水下机器人设计及其水动力学性能研究[D].长沙:湖南大学,2019.